情商课

EQ COURSE

方木鱼
— 著 —
FANGMUYU

文汇出版社

图书在版编目 (CIP) 数据

情商课 / 方木鱼著 . — 上海 : 文汇出版社，
2019.4
　　ISBN 978-7-5496-2837-7

　　Ⅰ . ①情… Ⅱ . ①方… Ⅲ . ①情商 - 通俗读物 Ⅳ .
① B842.6-49

中国版本图书馆 CIP 数据核字 (2019) 第 065144 号

情 商 课

著　　者 / 方木鱼
责任编辑 / 戴　铮
装帧设计 / 天之赋设计室

出版发行 / 文匯出版社
　　　　　上海市威海路 755 号
　　　　　（邮政编码：200041）
经　　销 / 全国新华书店
印　　制 / 三河市龙林印务有限公司
版　　次 / 2019 年 4 月第 1 版
印　　次 / 2019 年 4 月第 1 次印刷
开　　本 / 880×1230　1/32
字　　数 / 154 千字
印　　张 / 8

书　　号 / ISBN 978-7-5496-2837-7
定　　价 / 36.00 元

序：一天一点情商训练

我很喜欢丰子恺在《渐》中写的一段话："在不知不觉之中，天真烂漫的孩子渐渐变成野心勃勃的青年；慷慨豪侠的青年渐渐变成冷酷的成人；血气旺盛的成人渐渐变成顽固的老头子。"

其实，每个人都在"渐渐"地感悟生活、感悟人生，就像为人处世一样，总是在不断地学习从而提升和完善自己。

这就是情商训练，其目的是让自己变得更优秀，活得更从容自在。

情商训练是一条通往内心最深处的路，而这条路的尽头就是人生智慧。情商训练就是要找到这种智慧，找到后人生才能谓之圆满。

罗曼·罗兰说："一个勇敢而率直的灵魂，能用自己的眼睛去观照，用自己的心去爱，用自己的理智去判断。不做影子，而做人。"

成功者之所以会成功，在于做人的成功；失败者之所以会失败，在于做人的失败。人生在世，有些人失败不是因为才智平庸，也不是因为时运不济，而是因为缺乏一种为人处世的方略，即情商低。

　　天下最难的事是做人，如果你不会做人，就不可能赢得人生的胜局。这不是大话，而是实话。

　　做人的成败与做事的成败密切相关，只有精通做人的道理，经受做人的历练，才能胸怀大志，才能通过努力求得事业的成功。

　　有人说，一个人如果过分耿直、有棱有角，必将碰得头破血流。但一个人如果过分圆滑、八面玲珑，总是想着让自己占便宜别人吃亏，也必将众叛亲离。

　　过分耿直或是圆滑都行不通，前者难以自保，后者人人会敬而远之。所以，最理想的做人之道莫过于内方外圆，这一点我相当认可。

　　情商训练是一门大学问，需要用一辈子去学习。要想在社会里混得如鱼得水、左右逢源，就必须把情商训练当成一种修行——不仅要重视，而且要不断地提升、完善自己。

目 录
Contents

第三章　自励情商

第四章　自律情商

第 五 章　　社交情商

第 六 章　　沟通情商

第七章　职场情商

第 一 章
方圆情商

　　做人圆融，绝对不是圆滑世故，更不是平庸无能，而是一种宽厚、融通，是大智若愚，是与人为善，是纵观大局、明察秋毫之后心智的高度健全和成熟。

没有一个冬天不可逾越

1

闲来读一本伟人传记，无意中翻到后面的附录，然后发现了这样奇妙的事情——如果不知道他的名字，我们很容易被假象蒙蔽：

1832 年：失业。

1833 年：经商失败。

1834 年：选上州参议员。

1835 年：爱人死亡。

1836 年：精神失常。

1838 年：发表演说失败。

1843 年：角逐国会议员提名失败。

1846 年：当选国会议员。

1848 年：未被再度提名。

1849 年：想专任地方官失败。

1854 年：竞选参议员失败。

1856 年：角逐副总统提名失败。

1858 年：竞选参议员失败。

1860 年：当选总统。

是的，他叫亚伯拉罕·林肯，是美国第十六任总统。

有一阵子，我职场、情场皆失意，心情失落到了极点。朋友见此，不断耐心地开导我，在一次闲谈中，他向我谈起了另一位名人：

1982 年：高考失利。

1983 年：第二次高考失利。

1984 年：第三次高考艰难过关。

1995 年：辞职。

1997 年：第一次创业失败。

1999 年 1 月：第二次创业失败。为了躲债，一个冬天没出过门，靠吃白菜过活。

1999 年下半年：阿里巴巴横空出世。

朋友问我："你知道这个人是谁吗？"

没错，他就是马云。

马云给我们的启示，除了"淘宝"给大家带来的便利之外，还有他说过的这句话："如果我马云能够创业成功，那么，我相信中国 80% 的年轻人都能创业成功。"

如果你能像马云一样在逆境中耐心蛰伏、潜心修行，敢为天下先，那你也能创建自己的事业。

谁都向往阳光灿烂的日子，但不是谁都明白"阳光总在风雨后"的道理。顺境和逆境也并非是一成不变的：庸人在顺境中会安于现状，不思进取，得过且过；强者在逆境中则会振作精神，顽强拼搏。

也许，这是成功之前的最后一次挫折；也许，这是生命抛物线上的最后一个低谷；也许，前途并非你想象的那么糟糕，生活也并非自己感觉的那么枯燥乏味，困难也并非自己理解的那么面目可憎。

转个弯后，逆境也许就是顺境。真正的强者从不会在逆境中自怨自艾，即使行走在泥泞中，他们也会始终紧握命运的方向盘，时刻准备为风雨未卜的前途蓄力导航。

因而，当他们默念"天将降大任于是人也，必先苦其心志，劳其筋骨，饿其体肤，空乏其身……"时，内心也是格外从容的。

寒山问："世间有人谤我、欺我、辱我、笑我、轻我、贱我、恶我、骗我，该如何处之乎？"

拾得答："只须忍他、让他、避他、由他、耐他、敬他、不要理他，再待几年，你且看他。"

挫折就像拾得口中的小人，我们不用跟他斤斤计较，只消如此，便可保无虞。

新东方的王强老师有句语录："害怕成功的人永远不会成功，不敢追求幸福的人永远尝不到幸福的滋味。"这句话曾经激励了无数的人，其实，这句话同样适用于无论是在创业还是工作的你和我。

2

"成王败寇"的观念让我们深信：历史就是胜利者的宣言书，失败者的审判词。然而，有些失败者终归也会在历史上留下浓墨重彩的一笔，为后世所敬仰、怀念。

"壮士一去兮不复还"的荆轲，遭遇垓下之围的西楚霸王项羽，败走麦城的关羽，为民族觉醒而舍身求法的谭嗣同……他们明知不可而为之的精神，谱写了生命的千古绝唱。

明英宗朱祁镇是一个传奇人物，他曾先后两次在位，做了明朝第六任和第八任皇帝。

第一次在位的前 20 年，明英宗励精图治，颇有名君气象。但随着国泰民安，他却渐渐走了样，开始宠信大太监王振，最终造成宦官专权。

当时，所有外地官员进京都要孝敬王振一些金银，以表忠心，但山西巡抚于谦坚决不助长这种歪风邪气，用作家

当年明月描写于谦的话说就是："别说金银，连陈醋都没带回来一瓶。"

王振大怒，想要整治一下于谦，结果朝中重臣甚至一些藩王也出面为于谦求情。王振这才稍有收敛，并且明白了什么叫"公道自在人心"。

有道是"流氓不可怕，就怕流氓有文化"，这句话用在王振身上正好合适：太监不可怕，就怕太监有文化。王振虽然身体残疾，却也有抱负——他急欲做出一番功绩，以便青史留名。

后面的故事大家多有耳闻：明朝正统十四年（1449 年）六月，瓦剌部太师也先入侵。在王振的怂恿下，明英宗立年仅两岁的皇子朱见深为太子，令皇弟、郕王朱祁钰留守，然后亲率 50 万大军和朝中一干战将出征。

结果大家都知道，明军在土木堡惨败，皇帝被俘。"土木之变"成了与北宋时期"靖康之变"一样令汉人感到屈辱的词汇。之后，便是精彩的北京保卫战。也先俘获了大明皇帝，一时间京城大乱，众人都以为英宗已死，有人建议迁都，有人建议投降。兵部侍郎于谦力排众议，于是，景帝登基，奉英宗为太上皇。

再说也先，他本打算用英宗要挟明朝换回些财物，所以挟大军"送"英宗回京了。但是，当大家听说英宗回来的时候，不料局面却尴尬了。

于谦以大局为重，率领城中的老弱病残和一众文官近侍展开了惨烈而英勇的北京保卫战，并以一介书生之身亲自镇守战斗压力最大的德胜门，最终迎回了英宗。

但是，原来不愿当皇帝的景帝逐渐喜欢上"权力的游戏"，不愿退位了，结果就软禁了英宗。直到 7 年后他病逝，英宗才又复位。

复位当日，英宗便下旨逮捕了后来升任兵部尚书的于谦。当时虽有人建议以谋逆罪处死于谦，皇帝犹豫说于谦当年抵御瓦剌有功，不能草率处死。这时，大臣徐有贞对皇帝说的一句话彻底堵死了于谦的生路："不杀了于谦，您复位无名。"

于是，于谦身死。

于谦死后被抄家时，人们发现他家里除了生活必需品外，"无余财"。他留给世人的似乎只有那首《石灰吟》："千锤百炼出深山，烈火焚烧若等闲。粉身碎骨浑不怕，要留清白在人间！"

当年明月在《明朝那些事儿》里把于谦排在了"明代伟人"中的第二位，仅次于圣人王守仁。正如他所说："500多年过去了，于谦似乎从来都没有离去过，他始终站在这里，俯瞰着这片他曾用生命和热血浇灌过的土地，俯瞰着那

些他曾拼死保卫的芸芸众生。"

从这个角度来看，于谦最终还是获得了人生的成功。

3

海伦·凯勒说："信心是命运的主宰。"人生最大的破产是绝望，最大的资产是希望——有了希望，我们就有了成功的资本。

失败不可怕，只要在失败后没有丢失做事的那种执着与坚持；失败不可悲，只要在失败后没有丢失做人的那种磊落与坦荡；失败不可怜，只要在失败后没有丢失生命中的那股气节与高贵。

所以，失败亦英雄，说明至少你努力过。

漫漫追求之路，每一步都算数

1

生活中，人们都在追求着金钱、地位、名誉、爱情、理想……不一而足。许多事物，人们极想得到，却常常错失。

有时候得到的往往不是自己想要的，所以不会懂得珍惜，极易失去，而得不到的似乎永远是最美的。

这正如一首歌里所唱的那样："喜欢的人不出现，出现的人不喜欢。"

天上的月亮你想摘，水里的游艇你想开；买了大房还想换别墅，买了豪车还想换私人飞机。欲望永无止境，这就是你宣称的"卓越人生"。

得失之心太重，归根结底还是因为这三个字：放不下。

人的痛苦就在于追求着错误的人或事物，不怕错误一次，就怕执迷不悟。

被追求的倘若是事物还好，倘若是人，失败了非但会给自己带来无尽的苦痛，还会给被追求之人带来一定的不适或不安。正所谓："问世间，情为何物，直教人生死相许？"

2

民国时期，诗人徐志摩与才女林徽因的爱情纠葛一时间闹得满城风雨，直到现在仍为人津津乐道。

当年，浙江海宁徐家的大公子徐志摩跟随北洋大学合并转入北大就学，并举行了隆重的拜师大礼，奉梁启超为师。北大肄业后，任性的徐志摩不愿意回老家接班干实业，便去了美国学习银行学。

受五四运动的影响，徐志摩对资产阶级的腐朽生活厌恶不堪，崇拜起了西方哲学家罗素，便又前往英国留学。在伦敦，他结识了外交委员林长民，并在林长民家里认识了林徽因。

一见某人，便误终身。这一误，便误出了一段缠绵悱恻的爱情故事。

那时候，徐志摩已奉了父母之命与张幼仪结婚，并且有了孩子，时年 24 岁。而林徽因还是个读书的中学生，是个情窦未开的少女，年方二八。

但天性浪漫的徐志摩顾不了那么多，之后他便跟林徽因表白了。林徽因不知所措，于是询问父亲的意见，林父代女回信："阁下用情之烈，令人感悚，徽亦惶惑不知何以为答，并无丝毫嘲笑之意，想足下误解了。"

这还了得，我好心邀你到家里吃饭喝茶，你居然打起我女儿的主意来了。且不说当时仍有封建家长，即使放到现在，这样的事也足以让一个父亲动怒了。但受过高等教育的林长民没有那么做。而对这段朦胧的感情，林徽因长大后也透露过怀念之情。有一年，因抗战而辗转长沙的林徽因曾写信给沈从文，她在信里回忆了当时的心境。

她说伦敦多雨，有一次林长民去瑞士国联开会，白天她独自一人在大房子里看书，晚上在饭厅里吃饭，她一面吃一面用嘴咬着手指哭。她期望有些浪漫的事发生，可以有个人叩门进来与她谈话，或是坐在火炉边给她讲故事。

说得直白点，她就是希望有个人来爱自己。

后来，徐志摩不管不顾地与发妻离了婚，而徐林二人也确实相恋了一阵子。那年，泰戈尔访华，林徽因和徐志摩分列左右陪同，两人好似一对金童玉女，令人好生羡慕。可是，后来梁思成出现了，他与林徽因相恋，并且订了婚。而一想到林徽因就要跟未婚夫梁思成赴美留学，徐志摩心中好不怅惘。

再后来，在那个黑色的日子里，为了赶赴林徽因的聚会，徐志摩因飞机失事遇难。梁思成从北平赶去现场处理事故，从现场捡了一块烧焦了的木头回来。这块木头后来一直挂在梁林二人卧室的床头上，直到林徽因去世。

徐志摩曾说："我将在茫茫人海中寻访我唯一之灵魂伴侣。得之，我幸；不得，我命。"可见，他最终还是放下了那段感情。

《论语》曰："君子有三戒：少之时，血气未定，戒之在色；及其壮也，血气方刚，戒之在斗；及其老也，血气既衰，戒之在得。"在舍与得之间徘徊的人，真的要好好读一读这段圣贤名言。

3

人生不如意之事在所难免。

命运就是这样，它总是会给人设下一个又一个的陷阱——或许现在你拼命追求的东西，实际上是你穷尽毕生也无法得到的，也许到后来你会醒悟：这是命运跟自己开的玩笑。

也有些人终生都无法真正意识到这一点，就像夸父逐日，他用一生追赶太阳，最后还是倒在了太阳面前。

世事吊诡真让人措手不及，是转身还是继续向前？其实，努力过了，得不到也没什么可惜的。生命是一种缘，你刻意追求的东西也许终生得不到，而你不曾期待的灿烂反而会在你的淡泊中不期而至。

追求是一种向上的生活态度，但凡事过犹不及。比如，不惜一切地追求不切实际的事物，往往会南辕北辙、事倍功半。

追求之前要做出风险评估，得到之后要利用好事物的价值。无论何时，保持一颗平常心去面对生活，我们一定会活得坦然自在。

有些事物我们是要牢牢把握并紧紧抓住的，比如机遇，你抓住了，它就是你成功的保障；抓不住或不去抓，错过了，你可能就只剩下遗憾了。

所以，好的机遇或者正确的事业、值得交的朋友、合适的爱情，是我们一定要努力去追求的，因为一旦错过了，就只能抱憾终生。

4

"得之，我幸；不得，我命。"胜固欣然，败亦可喜。静下心来想一想，有多少事是有价值的，自己必须去做的；有多少事是毫无意义的，自己不该去做的。只有认清了哪些事是必须去做的，哪些事是不该去做的，你才能真正做到"无为而无不为"。

放下执着，去追求你该追求的东西，并且放弃那些镜花水月般的幻想。做该做之事，不做不该做之事，要对世俗的功名利禄不动心，一切任其来去自然。

做人须圆融，而非圆滑

1

"圆融"本为佛家用语，意为破除偏执，实现圆满、融通。苏轼在《答子由颂》中说："五蕴皆非四大空，身心河岳尽圆融。"

世人常把"圆滑"当作口头禅，以此来修习自己的人生。佛门子弟则是把"圆融"当作座右铭，以此来修习自己的身心。

圆滑是利己，圆融是利他。两者虽是一字之差，思想境界却差了十万八千里。

2

"双11"期间，王珅帮一个做服装批发的朋友给客户发货，在装箱的时候，他发现有一批衣服存在线头外露、内衬开线等问题。很明显，这批服装出了质量问题，但当时订单满天飞，正忙得焦头烂额的朋友显然没有发现这一点。

这时，恰好有一家长期合作且信用度颇高的淘宝店店主过来质问王珅，言语中带着不满："这几件衣服你给我看看是怎么回事？"

这一问，王珅有点为难了。原因他当然知道，可他既不想拆朋友的台，也不愿说假话骗人——他想装作没听见对方的问话，直接含糊过去。

店主见状，不依不饶起来，已经有点愤怒了："时间就是金钱，信誉就是生命，我们合作这么久了，你们怎么能犯这么低级的错误？"

为了备战"双11"，人人都熬红了眼在连轴转，出了这样的事情，客户有情绪是可以理解的。

王珅迅速冷静了下来，他想，自己毕竟是过来帮忙的，不能自作主张，听几句牢骚和怨言算不得什么，把问题解决了才是正道。想到这里，他一边赔上笑脸连连道歉，并不断地安抚着客户的情绪，一边立刻拿出手机给朋友打电话。

朋友了解情况后，二话没说，立即决定给这位客户换货，并检查了同批次其他客户的货物，但凡有问题的一律换掉。并且，对于己方疏忽给客户造成的信誉损失，全都以加送几件衣服的方式作为补偿。

一开始，在并无应对之法的情况下，王珅装聋作哑是属于比较圆滑的做法，这是在两边都不想得罪的观念指导下的

产物。后来，当事态有了进一步升级时，王珅开始本着对自己、对朋友、对客户负责的态度，妥善地解决了问题。这样一来，就处理得相对比较圆融——既把事情解决了，也没给双方带来矛盾，获得了一个皆大欢喜的结果。

3

圆滑是什么？圆是一种形状，从中心到周边任何一点，距离都是相等的。但是，重点在"滑"字上，意思是油滑而不负责。说一个人待人处事圆滑，这当然是极为负面的评价，因为这种人虽然表面上讨人欢喜，却很不切实际。

圆融的重点在"融"字上，做"通融""融和"解。做人做事，力求圆润，周全而平顺，大家自然都能接受，评价则会是正面的。

圆滑失德，是小聪明；圆融得心，是大智慧。

圆滑，堪称人的本能。《菜根谭》里劝人"处治世宜方，处乱世宜圆，处叔季之世当方圆并用"，其中自有作者之良苦用心和为人处世的道理。

人，以圆滑而自卫且未损害他人，尽在情理之中，无可厚非。从社交的角度看，为人适当圆滑是一种良好的社交能力的体现。

这种人往往对所处的环境、他人的心理和情绪有着极其敏锐的判断力，他们会根据当时的处境说出在当时最该说的话，做出在当时最该做的事情。他们在各个方面通常都适应得比较好，能够很快投入到一个全新的人际环境当中去。

圆滑的人，你很难指出他真正错在哪里，但他的所作所为又会让你有种说不出的不舒服感，这是他们最令人讨厌的地方。

令人舒服的感觉是"圆融"，它与"圆滑"虽然只是一字之差，但给人的感觉完全不同。圆滑的人，为的是谁也不得罪，但最后很有可能得罪所有人。圆滑的人，或许能骗得了大家，但不可能愚弄大家——"我们可以集体受骗，但是别愚弄我们集体"。

做人圆融，绝对不是圆滑世故，更不是平庸无能，而是一种宽厚、融通，是大智若愚，是与人为善，是纵观大局、明察秋毫之后心智的高度健全和成熟。

4

任何时候，我们都要做到不因洞察别人的弱点而咄咄逼人，不因自己比别人高明而盛气凌人，不因坚持自己的个性和主张而对别人搞"压迫"。任何情况下，我们都不要随波逐流，而要潜移默化地影响别人又绝不会让他感到是被强加的。这就是圆融，但好说不好做。

　　我们要学会知足，保持内心的平静，用平和的心态面对不圆满，无论顺境逆境皆欢喜；我们要抓住眼前的人与身边的事，时刻给他人留有余地；我们要少一些贪念、少一些攀比，多一些欢笑；我们要少说慎言，低调做人。

　　所以说，圆融是待人处事的一种态度，外在是宽容，内涵是冷静，热情而不做作，忠诚而不虚伪。

　　拥有这样的心态，你不仅能保护自己，融入社会与大家和谐相处，也能让自己暗蓄力量，悄然潜行；不仅能在卑微时安贫乐道、豁达大度，还能在显赫时持盈若亏，不骄不狂。

感情投资是回报最大的投资

1

　　人的一生都在投资，比如知识投资，金钱投资，身体投资。

　　稍有眼光的人都知道，投资有多种，一般来说，风险越高，回报越高。但有一种投资例外，即感情投资——它的风险最小，却能在不久的将来为你的人生创优。

大多数管理者都熟知这句话："在所有的投资中，感情投资是花费最少、回报率最高的一种。"这是日本麦当劳董事长藤田田在其著作《我是最会赚钱的人物》一书中阐述的一个至为重要的观点。他在这本书中提到，世界上最能赚钱的方式就是感情投资。

有道是："得人心者得天下。"感情投资可以通过金钱、实物等物质进行投资，无形中能将物质转化为"人心"；也可以直接通过情感交流等进行投资，从而得到感情或金钱、实物等回报。

亲情、友情、爱情都是感情，都是我们进行投资的主体。

我们可能都有过这样的经历：

一次促膝交心的长谈，可能会使对方产生长久的共鸣；对对方的一种新颖见解报以一阵赞同的掌声，这掌声在无意中就是对创新的巨大支持；对对方的一次正义举动投去一个鼓励的眼神，这眼神无形中就是伸张正义的强大动力；对陌生人无意间的一次帮助，或许会使对方顿悟善良和真情的可贵。

2

几年前，我的一位律师朋友 X 为他的一名单身妈妈客户打官司，结果官司不好打，男方拒绝承担孩子的抚养费。

有一次，X 去拜访这位客户，发现她的住所是在一座老旧的筒子楼里，里面狭窄、黑暗，连使用水电都不方便。孩子在屋里的地上来回爬动，两人就站着探讨案情。

就这样，探讨完案情后 X 离开了，但不一会儿又返回来，这时他的手里多了一箱奶粉。客户也是个坚强的女人，但她没有再三推辞，简单致谢后就收下了奶粉。

遗憾的是，官司最终还是输了，不过，事情并没有结束。X 经过几年的摸爬滚打，在业务上变得成熟了许多。后来，有一天他突然接到电话，说某集团有一宗商业案件需要打官司，老总点名要他代理。

不负众望，X 一举赢得了这起官司。当时，他拿到了80 万元的代理费，老总还额外奖励了 20 万元，总计 100 万元。最后，当老总出来会见 X 时，他才发现对方居然是几年前的那名单身妈妈，只不过，现在她一转身已是事业有成的女强人了。

X 感慨地说："一箱奶粉换来了 100 万元。公道自在人心，付出必有回报，为人处世要'多行善，广结缘'。"

人心都是肉长的，每个人做事时都会被自身感性的一面所影响。在日常生活中，尤其是在对待小事上，理性因素对人们的影响远不及感性因素。所以，你在一些事情上影响了别人，可能在另外一些事情上就会受到别人的影响。而当影响是正面的时候，那收获就会很大。

3

公司里有一位女同事，从认识她一年多以来，我发现了这样的一个现象：

无论工作多忙，加班到多晚，甚至出差在外，她永远神采奕奕的——脸上化着精致的妆容，面带甜美的微笑。与人交谈时，她总是会先耐心地倾听，再把自己的看法娓娓道来。她从不会让人难堪，更不会让人尴尬。

后来，有一次听到公司里嫉妒她的人说她是"花瓶"时，她的表现大方而得体："花瓶？挺好啊！我觉得这起码是对我外表的一种肯定，甚至是一种赞美，我会对那个说我是花瓶的人说一声谢谢。我相信，随着时间的推移，他们会看到，这只好看的花瓶并没有一颗玻璃心。"

那一刻，就连那些平日里很讨厌她的人，都觉得她很美。

毫无疑问，她是一个懂世故的人，因为唯有懂世故，才

会让一个人举手投足之间尽显优雅。而她又是善良的，因为唯有善良的人才会从里到外都散发出光芒，而不是虚伪、做作和敷衍。

4

小事往往是成就大事的基石，细节往往是大德的体现。

生活中、工作中、交往中，在许多看似平凡的时光里，勤于在小事上关心别人，比如在同事生病的时候嘘寒问暖，为单身朋友搞一次周末聚会，给恋爱初期的员工放上一天"恋爱假期"，会使对方感受到的温暖要远远大于你的付出。

我们要将感情投资变成种子播种，让这个社会充满友爱、充满感激，然后回馈真诚。这样的感情投资仿佛在银行里存款一样，存得越久，安全感就越强，幸福指数就越高。

做人如做菜，火太大会焦煳

1

一位老船长长年在河上驾船，从未发生过事故。有人问他是不是对河中的暗礁、险滩了然于胸，他说："不是。其实，我只要把船开进深水区就行了，那样暗礁、险滩就会与我无关。"

这个故事颇耐人寻味。

2

我有个同学，高中时他飞扬跋扈得不行，逃课、上网、打架，样样都干，结果是肯定考不上大学，最后去了一家烹饪学校学厨师。在过去的 6 年时间里，我没有听到过他的任何消息，一次偶然相遇，聊到双方近况的时候，我才知道他后来的一些经历。

刚开始的一年里，他还跟在学校里的时候一样，成天吊儿郎当的，直到后来遇见一位老师傅。这位老师傅真心真意地传授给他一句话，这句话改变了他的一生。

接下来的一年里，他在烹饪学校里学会了八大菜系的制作，其间也获得了很多全国烹饪大赛的奖项。现在，他在一家五星酒店做行政主厨，言谈举止也没有了往日的傲慢。

他说，这么多年的厨师生涯给他最大的感触是，他学会了内敛。他始终记着那位老师傅对他说的话："做人跟做菜一样，火太大就会焦煳，文火是最好的。"

3

那么，我们该如何修炼内敛的品质呢？

一、忍耐是必经之路

大文豪毛姆说："富者能忍保家，贫者能忍免辱；父子能忍慈孝，兄弟能忍义笃；朋友能忍情长，夫妇能忍和睦。"

在成功之前，你要经受人生的各种磨难和考验，所以必须具备承受挫折、痛苦和寂寞的心理素质。"忍"便是一个人支撑自我精神的支柱，不论遇到什么困苦，只要能忍，终能伸屈自如，转危为安。

二、内敛是一种姿态

这是一种低调而不张扬、谦逊而不骄傲、通达而不沉溺的境界，但这样的境界并非每个人都能够达到。

内敛的人都有很强的定力。在一次航班上，同机的乘客里有一位成果卓著的科学家和一名年轻的歌星。当飞机降落后，他们走下飞机舷梯时，歌星被歌迷围得水泄不通，而科学家则显得有些冷清。

对此，给科学家接机的人替他鸣不平，但科学家却说："歌星是面对面地为人们服务，而我是背对背地为大家服务的。面对人群，我怎能思考和实验呢？"

通过这寥寥数语便能断定，这位科学家必是内敛之人。

还是让我们记住诗人鲁藜的见解吧："老是把自己当作珍珠/就时时有怕被埋没的痛苦/把自己当作泥土吧/让众人把你踩成一条道路。"

三、低调是一种智慧

低调不是对满腹才华的闲置，更不是对自由心灵的束缚。它似润滑剂，能消除内心与外界的摩擦，让我们自由地驰骋于天地之间；又似缕缕清风扑面而来，能温润万物，使我们表现出人性的崇高之美。

没有谁是天下第一，总有人在某个方面优于你。所以，保持低调的作风，发现他人的优点，才能审视自己的不足，最终获得更大的进步。

4

请听题：三个弓箭手，第一个具备十环打九环的实力，第二个具备十环打七环的实力，第三个只有十环打五环的水平。若让这三个人参加角逐，最后只允许一个人生存下来，谁将会是生存者？

答案是：十环打五环的弓箭手。

对此，人们会质疑：为什么最差的弓箭手会是生存下来的胜者呢？因为，面对生与死的博弈，这样的命题很残酷也很现实，现实到结果是注定的。

我们听多了箴言，比如："枪打出头鸟""出头的橡子先烂""木秀风摧"。因此，谁都会拼命扫除对自己不利的障碍，所以，上述命题可做如下分析：

十中九的人肯定会先对付对自己威胁最大的人，即十中七的人，而从心理上藐视十中五的人。十中七的人会有同样的思维：把矛头指向十中九的人，同样忽略十中五的人。

结果，前两人在比拼中两败俱伤，第三个人却在难得的空隙中屏气凝神，做足了准备，最终得以稳赚渔翁之利，成为生存下来的胜者。

5

天愈蓝，愈显其高；水愈静，愈显其深。佛家讲究在静中修行，在自身的参悟中得到正果。大音希声，大理勿言，本身说的就是一种超然物外的洒脱。

水是有灵性的。溪水潺潺，那是生命的律动；激流飞涧，那是生命的内涵；江水滔滔，那是生生不息的誓言。

无论是我的厨师同学，还是那位默默无闻的科学家，甚至是那位技艺一般的弓箭手，他们都是在不被别人注视的环境里得以独自地成长或生活。这让我想到一句诗意的话："愿今夜有梦，梦里做一朵近水的桃花，在斜卧的枝上，绽放一抹嫣红。"

你不用踮脚，我弯腰就好

1

当你与别人发生意见分歧或者冲突时，当你因领导指责你工作不努力或者办事不靠谱而闷闷不乐时，当你们夫妻之间因为鸡毛蒜皮的小事互相发脾气时……你该怎么办？

别再耿耿于怀了，回家擦地板去吧。拎一块抹布，弯下腰，双膝着地，把你面前这张地板来回擦拭干净。然后，重新反思自己在那场冲突，那场与领导的对话，那场夫妻间的战争中，所说过的每一句话。

然后，你就会发现自己其实也有不对的地方，是不是？你渐渐心平气和了，是不是？有时候，我们必须学会弯腰，因为这个动作能让我们谦卑。在擦地板的同时，我们也擦亮了自己的心绪，这是一举两得的事情。

2

那么，"弯腰"究竟是一种怎样的学问呢？

一、弯腰是一种幸福

夫妻之间本来就没有什么深仇大恨，但是，在当今社会，劳燕分飞的比例仍在逐年上升。而且，情况严重的是，其中因为鸡毛蒜皮的小事而最终导致离婚的夫妻不在少数。

有一句俗话说，成熟的稻谷才会弯腰。这是多么朴素而又深刻的道理，遗憾的是，现实生活中不少人忽视了这个道理，有些夫妻就是如此。

弯腰与面子没有必然的联系，干瘪的稻子高昂着头，面子是有了，收获却没了。所以，一个成熟的人要懂得适时弯腰。

二、弯腰是一种智慧

一位朋友向我讲述了他求职时的经历。

那年大学毕业之后，他到一家大公司应聘客服专员，经过笔试和面试，他和另外两个人被录用了。接着就进入了为期3天的岗前培训，培训地点在公司办公大楼12层的小会议中心。

但是，这个会议中心的门很特殊，只有1.5米高，进出很不方便。一开始，朋友等人觉得奇怪，但他们也没敢多问。培训结束了，跟讲师也熟悉了，他就问讲师："这个门为什么设计得这么低？"

讲师笑着说："这是为了让你们学会弯腰，因为，你们做的是客服工作，要直接与客户打交道。客户的情况很复杂，他们经常会说一些过头的话，可他们又是上帝，不能得罪。并且，你们要知道，学会弯腰其实是一种智慧。"

三、弯腰是一种哲学

山川有峰谷，方显其雄伟壮丽；歌声有起伏，方显其悦耳动听。人生亦如此，起起落落，我们需要从容面对。当面临困境时，我们除了勇往直前，还需要弯腰。

因为，弯腰是一种哲学。仰首是向天，弯腰是向地，人生天地间，仰首和弯腰就是将天地融为一体。

屈原在现实面前碰得头破血流，最后只能以死明志。相反，韩信受了胯下之辱后，不但没有成为他人生的污点，反而成就了一位能屈能伸的大将军。

四、弯腰不是一味地妥协

有一位年轻的琴师穷困潦倒，靠在路边弹琴卖艺为生。路人被他的琴声吸引，纷纷驻足聆听，并把钱投进琴盒里。

有一天，一个无赖鄙夷地将钱扔在琴师的脚下。琴师抬头看了看无赖，然后弯下腰拾起地上的钱，递给无赖说："先生，您的钱掉在地上了。"

无赖接过钱，重新扔在琴师的脚下，傲慢地说："这钱已经是你的了。"

琴师看了看无赖，深深地鞠了个躬，说："先生，谢谢

您的资助！刚才您掉了钱，我弯腰为您捡了起来。现在我的钱掉在了地上，麻烦您也为我捡起！"

琴师出乎意料的举动震撼了无赖，他最终捡起地上的钱，灰溜溜地走了。

当我们陷入人生低谷的时候，正处在苦苦挣扎的关头，有时会招致一些人无端的蔑视，甚至尊严会遭到肆意的践踏。这时，与其针锋相对地反抗，不如理智地应对，以一种宽容的心态去展示并维护我们的尊严。那时你会发现，在正义面前，任何歪门邪道都将无法站稳脚跟。

3

人的一生会遭遇各种挫折与挑战，只有真正懂得适时弯腰的人，才能得以克服危机，赢得胜利。这不是懦弱，也不是没骨气，而是一种大智慧。因为，强干、蛮干只会带来不必要的损失。

当人生的风雨来临时，我们要学会笑着面对，坦然接受，如此，阳光自会一直温暖你。

吵架先道歉，视你如初恋

1

《读者文摘》上有一句话说得很好，许多文艺青年喜欢把它用作自己的网络签名："最先道歉的人最勇敢；最先原谅的人最坚强；最先释怀的人最幸福。"

有些人认为，道歉是一种软弱的表现，其实并非如此。在人际交往中，出现言行过失，如果能够真心实意地向对方表达自己的歉意，不仅有利于化解矛盾和尴尬，同时还能体现出自己良好的风度与修养，是一种文明礼貌的体现。

在社交活动中，道歉的作用在于消解双方的冲突，缓和矛盾，从而使双方相互谅解，而不是让矛盾升级，造成双方的尴尬。

2

道歉看似简单，在这一过程中，我们也要注意礼仪与技巧。这主要包括以下几个方面：

一、先道歉是一种勇气

开口道歉时，很少会有人感觉不难堪，有些道歉甚至还是一种需要勇气才能面对的事情。

在懵懂的青春年纪里，谁都有犯错的时候，而与同桌之间的故事大概是谁都有过的经历，像小学同桌之间的"三八线"，初中同桌之间抢课本，大学室友玩游戏耽误你休息，等等。或许这就是"相爱相杀"的代价吧，用老一辈的话说就是"是勺子总会碰锅沿"。

时过境迁，虽然那都是些小事，但是，如果当时我们不主动道歉，可能就会失去友情。

在职场中，无论是领导还是同事，我们总有因为不小心做错事而伤害到对方的时候，在这种情况下，我一直坚持先道歉。直到后来，我看到了那句流行一时的鸡汤："无论今天发生多么糟糕的事都不应该感到悲伤，一辈子不长，每晚睡前，原谅所有的人和事。"

道歉不仅仅是承认自己的错误那么简单，更是衡量一个人内心是否宽容、坦荡的重要表现。道歉不是为了让自己获得心灵减压后的轻松，更多是为了推倒压在对方身上的大山。

二、先道歉是一种力量

"谁能原谅人，谁就能拯救人。"这句俗语我们不妨模仿一下：谁能先道歉，谁就能拯救自己。

两口子过日子，朝夕相处，更要学会原谅，学会先道歉。最先道歉的人，不一定就是错了，而是他学会了理解对方，这是一种生活的智慧。

闺密跟男朋友吵架，我还以为是什么大不了的事，问后却让人大跌眼镜。起因很简单，两个人相约周末去看车展，男朋友忙手头的工作，忘记了。闺密大发火光，从男朋友上周忘记交电费，一直数落到半年前他睡觉不洗脚的事情。男朋友解释不清，后来摔门而去。

我本想从中调停，可他们双方本着"谁先道歉谁就输了"的原则，谁也不肯先道歉，谁也不肯让步。

其实，吵架不是不可以，小架怡情，大架顶多摔个水杯，但是情侣之间动不动提分手，夫妻之间气急了撕结婚证可不是好习惯。可见，上述那对恋人都没有意识到这样一个问题：感情不能讲理，家庭不是讲理的地方。有些事，我愿意低头，那是因为我不在乎事，在乎你。

三、先道歉是一种智慧

成功的道歉，是双方先要把地位打平，再把是否宽恕的权利交给受害者。

3

懂得向他人道歉并非是软弱的表现，不过向他人道歉时，一定要注意自己的态度。道歉的时候没必要遮遮掩掩，要大大方方地向对方承认自己的过失，以求得对方的谅解。

没有人是完美的，谁都会犯错误。但是，每个人都要学会道歉，诚恳地承认自己犯下的错误，同时承诺改正自己的错误，这能让我们变得更好。

如果你心中有愧，那就趁还来得及向你伤害过的人说出最能化干戈为玉帛的三个字吧："对不起。"

不要因为走得太远，而忘记了自己为什么出发

1

有时候，工作就像一片海，即使你无法热爱，最终仍会深陷其中。

2

我有一对忘年交夫妻朋友是荷兰人，他们最常说的一句口头禅是："绕条路去天堂。"我经常回味他们讲过的故事、说过的话和走过的路，因为他们的生活方式给了我很多启发。

那年新婚后，我和妻子去泰国度蜜月。在曼谷的一家酒吧里，那对荷兰夫妇跟我们共享一张桌子，大家很自然地就聊了起来。

我从谈话中得知，他们已经在曼谷住了两年。我很好奇地问："你们是一对不会讲泰语的荷兰夫妻，在泰国能干什么？"

男人回答："我们就是来这里享受生活的。"

我立刻把他们跟那些"不务正业"的欧洲人联系在一起，因为那些人拿着国家的救济金跑到低消费国家，完全不用劳动就能过上神仙般的日子。是啊，他们这么大年纪了还干这种营生，实在有点不厚道。

酒酣耳热之际，我们也越聊越尽兴，彼此大有相见恨晚之感。但是，从杰克逊到布兰妮，从亚欧文明到佛教的传播，从工作的价值到生命的意义，我越聊越困惑：看这对夫妻的学识和修养，他们绝不是靠骗取救济金讨生活的人。

我问男人："你们为什么不去工作呢？"

他反问："哈哈，为什么要工作？"

"为了实现自我价值呀！"

"自我价值非得靠工作来实现吗？"

我们争论了起来。越争论，我心中越联想起那个关于富翁和羊倌晒太阳的故事来，虽然自觉理亏，但还是趁着酒意说出了我的困惑："没有工作，那你们只能靠国家养着吧？"

他们愣了一下。然后，男人说："我们在阿姆斯特丹有一幢房子，我们把它租了出去，每个月的租金完全能应付我们在这边的花销。"

这时，女人插话说："为了买那套房子，我们可是戴着工作狂的面具伪装了好些年。"

原来，夫妻两人以前都是某大公司的高管，但他们骨子里不是太热爱工作的人。结婚的时候他们就约好了，先努力赚几年钱，然后就辞职，到热带地区去享受生活。

辛勤的工作换来了升职和加薪，也换来了众人的赞美和肯定，但他们一直未忘记当初的约定。他们从来不觉得工作是有趣的事情，对他们来说，自由、美景、阳光、书和啤酒，这些才有趣。

女人说："我有很多朋友，一开始他们的想法其实跟我们一样，认为人生应该拿来享受，工作的目的是为了能更好地享受生活。但慢慢地，他们就沉湎到工作中去了，特别是当工作为他们带来荣誉的时候，他们便把工作当成了人生的头号大事。

"他们想得到更多的荣誉，于是加倍努力地工作，压力也越来越大。但他们告诉自己，这些都是值得的。他们觉得自己掌控着工作，其实早已沦为工作的奴隶——面具戴久了，就没勇气摘下来。

"这貌似是自我保护，实际上是自欺欺人，自己给自己喂慢性毒药。当然，这毒害的不是你的命，而是你的灵魂——慢慢地，你就变为行尸走肉，成了你年轻时最鄙视的那一类人。"

男人舒服地往椅子后面靠了靠，将剩余的啤酒晃了晃，一口饮下，说："有些事让别人相信就行了，可别把自己也绕进去。"

3

"有些事，让别人相信就行了，可千万别把自己也绕进去。"这句话带给我的震动不亚于一枚炸弹。是啊，一个人得明白自己到底是为了什么而活，自己到底是谁，真正的梦想是什么。

当然，我不是在否定热爱工作和努力工作的人。如果你

天生是一个工作狂，工作本身对你来说就是一种享受，你能从工作中获得真正的幸福感，那就不要被这对夫妻的言论和立场所影响。

我们常会看见这样的情景：苍蝇在房间里拼命地飞向玻璃窗，它看准了透过玻璃窗照进来的那一片光明，百折不挠地想飞过去，但每次都会碰到玻璃上。然后，它必须在上面挣扎很久才能恢复神志，然后仍然朝玻璃窗上飞去。当然，它还是会碰壁而回。

其实，旁边的门是开着的，只因那边看起来没有玻璃窗这边亮，它就不想去试了。

纪伯伦说："不要因为走得太远而忘记了自己为什么出发。"铭记目标，走一条看似与理想相背驰的路但绝不深陷其中，有时正是智慧的表现。

第 二 章

思维情商

　　人生重要的不是你从哪里来，而是你要到哪里去。当你埋头工作的时候，一定要抬头看看你要去的方向。人生最重要的不是目前所处的位置，而是所去的方向和将来可能到达的高度。

情商高，就是让人觉得相处舒服

1

在一次表演时，一名小丑意外地从舞台上摔了下来，结果，他掉了好几颗牙齿，表情扭曲，让人看着感觉很疼。但全场观众却都哈哈大笑起来，觉得小丑的表演很精彩——实际上，他是强忍着痛苦在表演。

有一个小女孩看到了，她拉着妈妈的衣袖说："妈妈，小丑哭了。"但没人（包括妈妈）听见她的话。事实上，小丑欲哭无泪。

演出结束后，小女孩独自来到小丑面前安慰他。这次，小丑真的哭了，因为感动："叔叔不疼，一点都不疼。"

我一直很尊重小丑这个行当，因为我坚信，能给予别人阳光的人，自己的心里必须先装下一个太阳。这是我所理解的小丑。当然，我同样尊重那个小女孩，因为她也给予了那个小丑温暖的阳光。

其实，每个人都是一个太阳，都有阳光能分给别人，在自己获得快乐的同时也带给别人快乐。因为，你在付出的同时也在得到，你帮助了别人，获得了他们的感激，你的爱心得到了他们的认同，你的人生价值得到了体现，也有了一份好心情。所以，你给予别人的越多，得到的就会越多。

2

艾尔莎的奶奶住在一间从不见阳光的屋子里，而她和父母的房间则宽敞明亮，光照充足。

艾尔莎问父母："怎样才能让阳光照进奶奶的屋子里呢？"

父母敷衍她说："没办法啦，奶奶的房子朝向不好，又低矮。"

一天早晨，艾尔莎在花园里玩，看到阳光照在她的衣服上，她就想："我要用衣服把阳光包住。"她果真这样做了，然后激动地跳了起来，一路跑进奶奶的屋子，喊道："看，奶奶，我给你带来了一些阳光！"

可是，当她打开衣服一看，里面并没有阳光。就在她失望的时候，奶奶说："孩子，阳光从你的双眼里照射了出来。"后来，每天早上她都会跑进奶奶的屋子里，用她的眼睛给奶奶带去"阳光"。奶奶去世后，律师找到艾尔莎执行遗嘱，令她吃惊的是，奶奶居然将自己一生的积蓄全部赠

给了她。

温暖的人给别人阳光，冷漠的人则会如黑洞般吸走周围人的温暖。那么，你是阳光还是黑洞呢？

给别人一抹阳光，不仅能让你的生活充满正能量，有时还能为你带来意想不到的收获。因为，在给别人一抹阳光的同时，你也是在给自己创造机遇——相得益彰，何乐而不为呢？

3

梅雨初停后，妻子将所有的衣物都晾晒在不大的阳台上，它很快就满满当当的了，但左边却留出了一定的空隙。

我对妻子说："床单挤在一起，怕晒不干呢。"

妻子说："留点阳光给楼下。"不一会儿，楼下果然也晒满了衣服。

楼下有个院子，院里有棵梧桐树在夏日里疯长，树梢直冲上我家的窗台，浓密的枝叶不仅遮住了光线，而且还挡了凉风。

这天，妻子对一楼的赵大爷说："你家的这树好能长呀，快长过我家窗户了。"

赵大爷立刻意会。星期天，他趁儿子回家，就合力将树梢全砍了。顿时，我家的居室亮堂了起来。

你留点"阳光"给别人，别人会记在心里的。别人心里少一点疙瘩，你自己心里就会多一点坦然与快乐。

不时给你手机通信录里的每个人发一条祝福或鼓励的短信，给冻得瑟瑟发抖的乞丐一杯热牛奶或者几块零钱，看到深夜里还没收摊的小吃摊主就顺手买几根烤串……

你所做的这一切，他人也许不会记得，但那些受到你帮助或激励的人一定会感觉到！

4

我至今记得儿子东东跟我说起他们小学体育老师时的那种敬佩表情。

东东说，有一次上体育课时自己尿裤子了，而且更为尴尬的是，有的同学发觉了，然后人群里爆发出一阵哄笑。

这时，体育老师厉声问道："发生什么事了？"

有调皮的同学大声喊："报告老师，东东尿裤子了。"话音一落，所有同学的目光都齐刷刷地射向东东。

经过短暂的沉寂后，老师对东东说："都说了台阶上有水，不让你坐，你非要坐。看，现在坐了一屁股水吧，快回宿舍去换条干净的裤子再来！"

那次，东东对我说："爸爸，你知道吗？那整整一个下午我都觉得天空太蓝了，阳光太暖了。"

我至今都感激那位机智的体育老师很好地维护了一个孩子的尊严。

我们都希望碰到贵人，但是请不要忘了，你付出了什么就将收获什么。想要遇到贵人，那就努力去做对他人好、对社会好的事情，首先成为他人的贵人。

这样的人是福德之人，等到自己需要他人帮助时，他人就会慷慨地伸出援手。

那么，你能成为别人的阳光吗？

决定你人生上限的是格局

1

人生就像斑斓的舞台，每个人都是演员，演着属于自己的一台戏。无论你是生旦净末丑中的哪一角，关键要找到属于自己的位置，那样你才能认清自己的价值。

清人阮元在《吴兴杂诗》中说："深处种菱浅种稻，不深不浅种荷花。"意思是说，尽管水域广阔，环境多样，但不同的植物有不同的生长习性，只有根据它们的实际情况选择最佳水域，才能让它们更加健康地成长。

有这样一个故事：一名老者在启迪一个孩童，给他讲着生命的哲理，说是给他一块奇特的石头，让他把这石头分别放在菜市场、玉石店、珠宝商场供人观赏，随着越来越多的人对该石头产生好奇，它的身价就会倍增。

老者是在向孩童说明一个道理：自己所处的位置不同，价值也会不同。

梅花傲雪绽放，它的价值才得以完美体现，它的孤高才让世人艳羡。人生的意义在于找准自己的位置，虽然人生的长度自己无法做主，但我们能最大限度地发挥潜能，以此增加生命的厚度。

2

人生于世，每个人都占据着不同的位置，但纵观古今，有些人被放错了位置，结果也就不尽如人意。

历史上有些人因为没有找准自己的人生定位，使自己偏离了正常的位置，成为"美丽的错误"，最后抑郁而终或国破家亡。

"诗仙"李白的才情不足以让他在尔虞我诈的官场叱咤风云，南唐后主李煜的无限愁情挡不住国灭身死的命运，宋徽宗赵佶的画笔无法改变北宋灭亡的悲剧。

没有人能在所有的领域里都很强，但每个人都有自己特定的智能优势。找到自己的智能优势，精心打造它，你就能找到更为广阔的天地——成才的道路千千万，没必要一条胡同走到底。

如果鲁迅一生行医，如果齐白石终其一生仅仅是一个木匠，如果俞敏洪一辈子教书……你能想象他们后来会是什么样子吗？

关于人生道路的抉择，我们需要具备睿智的眼光和果敢的勇气才能做出。

李开复早年从哥伦比亚大学政治系转入计算机系，后来又接连经历了许多人生的转折点，比如从苹果公司转到微软公司后，他遭遇了同事的翻脸、朋友的落井下石，但最终他依然倔强地选择了到北京创业。

他又一次找准了人生的位置，实现了更高的价值。正如他自己所说的那样，他的每一次选择都让他在后来活得更有意义，活得更为深刻，让他的生命有了更多的精彩。

3

有眼界才有境界，有实力才有魅力；有思路才有出路，有作为才有地位。

理念比能力重要，策划比实施重要，行动比承诺重要，选择比努力重要，坚持比别人的看法重要！

思路清晰远比卖力苦干重要，心态正确远比具体表现重要；选对方向远比努力做事重要，做对的事情远比把事情做对重要。

你没找到路，不等于没有路；你想知道将来会得到什么，现在就必须知道应该先放弃什么！

人生重要的不是你从哪里来，而是你要到哪里去。当你埋头走路的时候，一定要抬头看看你要去的方向——人生最重要的不是目前所处的位置，而是所去的方向和将来要到达的高度。

人生就像耕种一块田地，选择适合自己耕耘的土地，播撒属于自己的种子，就一定能够收获最丰硕、最美丽的果实。

人生苦短，何必计较

1

顾客对商家永远只说一句话：你的东西太贵了！反过来，商家对顾客永远也只说一句话：你给的钱太少了！

事事如此，时时如此，难怪计较会令人如此生厌。

计较一事，翻来覆去无非这几个版本：

第一种，我得到的太少了，委屈！

第二种，我失去的太多了，委屈得要哭了！

第三种，我失去的太多而得到的太少了，委屈得要死了！

比较与计较是徒增烦恼的两大幽灵，可惜人们计较的习惯早已养成。很多人认为计较得越多，得到的就越多，而不知道当你拥有某些东西的同时，也会失去某些东西。

举个最简单的例子，就像金钱与物品的关系。当你用金钱买到你喜欢的东西时，同时也会失去金钱；反过来，当你得到金钱（工资）的同时，失去的将是你的时间和自由。

"计较"就像老天安排给人们的一道考题，过了这一关，你会学到很多道理，也就证明你真的成熟了。

2

有个年轻人偶然获得了一颗珍珠，然而令他感到失望的是，这颗珍珠上有一个小小的斑点。他想，若是能将这个小小的斑点剔除，那么，这颗珍珠可就真的完美无瑕了。

于是，他就狠下心来削去了珍珠的表层，却发现斑点还在。接着，他又削了一层又一层，直到那个斑点没有了，但珍珠也不复存在了。

小时候，我们总是计较家里给的零花钱少，还跟别人家的孩子比穿名牌服装。到了工作的时候，我们又计较自己的工资低。结了婚，我们又计较自己的妻子容貌不如别人漂亮，孩子的成绩比别人差，家里的存款没别人多。

弹指间，我们就到了"知天命"的年纪，能想怎么过就怎么过了。我们不再计较别人的议论，他们谁爱说啥就说啥。我们不再计较社会的不公，不再计较别人的成功给自己造成的压力，不再计较利多利少。

人到古稀，不再计较的东西更多了，看淡的事情也更多了。昔日你死我活，现在则淡然一笑。中年时曾费尽心机要得到那格外计较的东西，如今看来已无关紧要。一生多少事，"都付笑谈中"了。

当倏然明白这一切的时候，人生也已行将就木。计较的时候得不到，得到的时候已经没有精力去计较了，想来人生是一件多么可悲的事情。

3

张乔是公司新入职的同事，有一天快下班的时候，前台妹子对他说："这周该你倒垃圾了。"张乔听了大声质问："怎么又该我倒垃圾了？上上周就是我倒的。"前台妹子冷

漠地说："上上周是小薇倒的。"

张乔不满道："我们部门有七个人，我入职还没到一个月，怎么又轮到我倒垃圾了？"

我在一旁听不下去了，接话道："倒垃圾又费不了什么事，行了，都少说两句吧，我去倒。"我们部门人少，办公室卫生都是自觉打扫，倒垃圾更是举手之劳，可张乔却因为这么一件小事斤斤计较。

月底进行大扫除时，张乔也装模作样地干活，这些都被经理看在眼里。没过两天，他就被公司辞退了。

都说计较太多，人易老。计较感情的人会失去自我，计较金钱的人会失去人性，计较眼前的人会失去未来。

这是一个忠告！

人生会遇到很多不顺心的事情，如果每一件事都斤斤计较，那么，就很难有快乐的时候了。而不去过多计较生活中的纷扰，没有世俗的不安，这比拥有再多的财富与虚名都更为真实和快乐。

不过，话说回来，不计较并不是要求人没心没肺地活着，认真也不要了，精益求精也不要了。

4

有人把计较得失总结为三个层次：计较局部得失，计较整体得失，计较人生得失。依我看，只有人生的得失才真正值得计较。

计较局部得失，就是盲目地计较得失，那就变成斤斤计较了，不可取。家里的事，很多都不值得计较，因为大家都是亲人，没必要。

工作上的事一般都需要计较，这不能从"我"出发，而要从组织的根本利益出发，从全局出发。计较虽然会失去眼前利益，却得到了长远利益，因为主动付出而换来的东西将使我们受益终生。

计较整体得失，就是计较大的方面的得失，而不是小的方面的得失。假如整个房子都塌了，你把一扇大门弄得再好又有什么用呢？

关于人生的得失，有许多耳熟能详的说法，诸如"过眼烟云""塞翁失马，焉知非福"。总体而言，我们得到的会远远大于付出的，大于失去的。换句话说，如果我们仅就人生的某一阶段来计较得失，那是不正确的。

因此，计较人生得失其实就是在时间上整体地计较得失，而人生总的得到应该与总的失去大体相当。

在很多问题上，我们不应计较得失。在个别问题上，我们不仅要计较得失，更要懂得怎样计较得失。比如，情理之中的得到来自付出，这种付出即算是一种主动的、卓有成效

的失去。

　　人真正要计较的不是小得失，而是大得失；不是一事的得失，而是整体的得失；不是一时的得失，而是人生的得失。

心扉不打开，成功如何进门

1

　　每个人都有一扇属于自己的无形之门，而对于这扇门，有的人紧紧地关闭着，有的人半掩着，有的人全然敞开着。

　　这扇门叫心门。正因为有了它，心灵世界才有了不同的色彩，在人生舞台上便演出了不同的故事。

2

　　我至今还记得语文老师跟我说的那句话："自己开门。"

　　事情的经过是这样的：由于年少贪玩，没有好好学习，一次月考我的语文成绩特别差。成绩单发下来的那天，我的心情很不愉快。

　　这时，前排的同学回过头来，恰好一眼扫到我的成绩单，随口说了句："哎呀，真烂。"这更让我一整天都闷闷不乐。

第二天，来到学校后，我以为教室门是关着的，就一直站在门外等。这时，语文老师路过，顺手推开了门，并一字一顿地对我说："这扇门我帮你打开了，而另一扇门只有你自己打得开。"

庆幸有这么一位老师在我人生的关键时期点醒了我，而这样的机会并不是每一个人都有的。

我们的人生需要有人开门，开门的也许是别人，也许是自己——但只有把心门打开了，你才能感受到生活的美好。

当我把这些道理讲给周围的朋友听时，有人反驳道："真正能成功的人都是孤独的，他们无须打开心门就能获得成功。"

3

很多职场人都害怕自己被人说不合群，实际上，成功的人往往都是孤独的，在多数情况下，适当的离群恰恰是保证优秀的必备条件。

我有位大学同学叫 Sara，大学毕业没一年就在一家外企的核心部门坐到了总监的职位。尽管在职位和收入上甩了同龄人好几条街，她还是感受到了职场的压力。

　　说来搞笑，当时，前总监跳槽，来自外资方的领导让所有员工竞聘上岗，结果除了初出茅庐的 Sara，没有一个人提出申请。最终，她毫无悬念地胜出。这结果表面上令人大跌眼镜，实际上，她是因为前半年出色的工作而胜出的。

　　但年轻的 Sara 并不知情，在这家扎根中国本土化多年的外企里，按以前的惯例，只要大家默契，最后一定是资格最老的员工补位。所以，Sara 的到来犹如在一群沙丁鱼里投入了一条鲇鱼，导致生态平衡彻底被打破了。

　　很快，Sara 便感觉到自己在公司里被孤立了。上班的间隙，别人三五成群地聊天、喝咖啡，远远见到她来，就会不约而同地装作视而不见。下班聚餐、K 歌，她从来没有收到过邀请。

　　空闲时，Sara 就会找我一起吃饭，顺便聊聊天。她说："刚开始的时候，我确实不能释怀，怀疑自己是不是真的挺差劲，后来我彻底明白了，事实并非如此。"

　　两年后，因为业绩突出，Sara 又升了一级。这一次，周围的同事却不再怎么对她喋喋不休甚至指指点点了，因为他们之间的差距已经拉大到对方连嫉妒的底气都没有了。

4

　　儿童期的我们几乎没有任何心机，心门会随时向自己接触到的每一个人打开。慢慢地，随着成长，我们就会更加清晰而深刻地认识这个世界。然而，可悲的是，当我们的见识愈加广阔，我们的心门却会日益紧闭——我们害怕冒险，害怕被别人欺骗，害怕一切使我们害怕的东西。于是，我们作茧自缚。

我们自我感觉安全了，舒适了，却浑然不知当我们疏离世界的时候，世界也向我们关上了成功的大门。

另一位大学同学 A，他的学习成绩特别突出，唯一让大家不能理解的是，他太孤僻，不合群。同窗四年，跟他说过话的人寥寥无几，许多人都觉得他不善言谈，甚至有人以为他可能是个哑巴。

直到有一次，在校级辩论会上他一鸣惊人。此后，透过冰山一角我们才知道，他还是学校微电影协会的骨干成员，参加过学校的科技和创业大赛，并获过一等奖。

原来，这位 A 同学不是没有社交，而是不愿意浪费时间搞无效社交。他也不会沉迷于其他同学喜欢做的事，比如看网络小说、通宵打游戏、花前月下谈恋爱等。是的，无效社交不要也罢。

多年后读到风行于朋友圈的那句话"你那么合群，该有多平凡"，瞬间我便想到了这位同学。

每个人都有属于自己的心门，而且它可以通向成功，如

果你能及早地打开它。可是，人们通常会喜欢藏起那把唯一的钥匙，想等到一个适当的机会再去打开它。

可惜的是，许多人一直等到要么门锁坏掉了，要么钥匙弄丢了，都没有打开它。

位置不同，人生际遇千差万别

1

你能不能想象让聂卫平去学游泳，让孙杨去练习下围棋？果真如此，那么中国也许就少了两个世界冠军。

真正动人的小说和戏剧，当你看完的时候不会觉得里面的人物有忠奸之分，每个人物都是那么实在，他们都在演绎着属于自己的戏。

人生在世，就像演出一场大戏，每个人都有戏份，只是角色不同、位置不同、际遇不同。但是，人们往往只会记住主角光彩熠熠的名字，而忽略那一众配角与幕后工作者。

很不幸，这一规律被无情地延伸到了生活之中，且有过之而无不及。

千里马跑得再快，也要有伯乐相得中。千万别盲目去相信"是金子总会发光的"的话了，金子有金子的价值，你非拿它当板砖去垫桌子腿，不是不行，而是大材小用了。

2

一个人找不到自己的位置，是一件很可悲的事。你是一只兔子，却在游泳队任职；你是一只乌龟，却在长跑队工作；让曹操的旱鸭子部队去打水战；用高射炮去打蚊子——你觉得行吗？

"人放错了地方就是废弃的垃圾。"换位思考一下，如果现在你感觉自己所处的环境很不好，不妨换换自己的心理环境、工作环境。

如果你没有在第一时间得到一个好位置，那就凭自己的努力去争取。电视剧《赵氏孤儿案》中有这样一段对白：

屠岸贾："国君和程婴孰重孰轻？"

到满："国君重！"

屠岸贾："只要投对了娘胎，谁都能做国君。列国都有国君，但记住，天下只有一个程婴！"

40岁之后，一个人大致能看到自己的一生究竟会以怎样的方式终结。年轻时雄心勃勃，以为自己只要奋斗就会无所不能，其实这是一种错觉——人可以追求自己所想的，却

不一定能获得自己所要的。

假设你有一个悲催的过去，并不是说你不能期待未来，实际上，比期待更加重要的是找到属于自己的位置。

找准位置，你就是一条龙；找不准位置，你就是一条虫。诚然，你都是在以一个动物的身份生活着，但你的生活质量和人生价值却有着天壤之别。

3

我有一个重点大学毕业的朋友大阳子，他在一家电视台工作。后来，单位来了一名新人，专科毕业，非科班出身。细探究竟，这个人并非像大阳子一样是正经八百地通过招聘进来的，而是托人走后门进来的。

大阳子整天唉声叹气，抱怨世风日下，觉得自己空有一身抱负而无用武之地，所以在工作上也开始马马虎虎，敷衍塞责。

相反，倒是那个专科毕业生处处谨小慎微，勤勉努力。几年之后，这个当初连读演讲稿都费劲的年轻人，凭借自己踏实的工作态度和大方的台风成为市电视台的主持人。而我的朋友大阳子，则彻底沦为帮他人扛摄像机的小弟了。

在演员的位置上时，就要学会表演；在观众的位置上时，就要学会欣赏。社会是个大舞台，而我们总是分不清自己到底是在表演还是在欣赏。成功的人，总是位置选择他；平庸的人，才会东张西望地找位置。

4

如果你一直向上看，就会觉得自己一直在下面；如果你一直向下看，就会觉得自己一直在上面。如果一直觉得自己在后面，那么你肯定一直在向前看；如果一直觉得自己在前面，那么你肯定一直在向后看。

目光决定不了位置，但位置永远会因为目光而变得不同。关键是，即使我们处于一个确定的位置上，目光依然要投往任何一个方向。

同样的一件衣服，放在不同的地方它的售价就会不同，我们想都不用想就会欣然接受这个事实。这就是位置的作用。

"锅台上跑马，兜不了多大圈子。"事实就是如此，无论你信不信，反正我信了。你是一匹骏马，就不要局限在锅台上兜圈，而要到广阔的草原上去驰骋；你是一只雄鹰，就不要习惯在檐下低徊，而要去搏击长空。

自得其所，这是人生的关键。

别画"圈"为牢，走进你所需要的各种社交圈

1

"没有圈子混的人是孤独的。"一名90后网友发的这条微博引起了我的关注。

每个人都需要一种归属感，在社会生活日益多元化的今天，80后和90后寻找归属感的方式也越来越丰富了。

从原始社会的部落到后来成立的国家，甚至今天网络上的社交群，游戏里的公会，这些都是不同时期"圈子"的表现形式。

人是一种圈子动物，每个人都有自己的社交圈子。不过，大家的区别在于：有的人圈子小，有的人圈子大；有的人圈子能量高，有的人圈子能量低；有的人会经营圈子，有的人不会经营圈子；有的人依靠圈子能左右逢源、飞黄腾达，有的人脱离圈子会捉襟见肘、一事无成。

在现实生活中，一个圈子基本是稳定的四五个人，有时会增加几人，但"存活"的时间都不会太长。在这个圈子里，每个人都是平等的，但通常也会有一个公认的核心人物。圈子的成员之间重视的是分享，即彼此的照顾和帮衬。

打工的圈子，赚的是工资，谈论的是闲事，想的是明天；做事业的圈子，赚的是财富，谈论的是机会，想的是未来；商人的圈子，赚的是利润，谈论的是项目，想的是下一年；智者的圈子，谈论的是奉献，是遵道而行，想的是不求自得。

现在，请你拿出纸和笔，写下与你相处时间最长的6个人（也可以是与你关系最亲密的朋友）的名字，大概算出他们月收入的平均数，然后，你再算一下自己的月收入。

怎么样，测试的结果是不是让你惊讶不已？

这个现象用中国人的话说是："近朱者赤，近墨者黑。"有句美国谚语也说："与傻瓜生活，整天吃吃喝喝；与智者生活，时时勤于思考。"其实，这两句话说的是同一个道理：你能走多远，在于你与谁同行。

2

有一则格言说："重要的不在于你懂得什么，而在于你认识谁。"比如，你在一家公司工作，你最大的收获不只是自己挣了多少钱、积累了多少经验，还包括你认识了多少人、结识了多少朋友、积累了多少人脉资源。

其实，很多人都没有意识到，在互联网时代，每个人都

自带人脉。

以朋友圈为例，当有的人还在朋友圈里伤春悲秋，把它当成记录自己心情和行程的日记本，或者当作炫耀的平台时，已经有人把人脉广泛的朋友圈当成了改变自己命运的工具。

我有一位朋友的口头禅就是"加个微信，方便联系"。他喜欢参加各种行业会议，深入各大基层市场，什么人的微信都会加。谁家马桶坏了需要找修理工，问他，一准能马上找到；去哪家不错的餐厅订餐，问他，他准能推荐几家。

因此，大家都叫他"万事通"。后来，他凭着超广的人脉居然成立了一家中介中心，单是微信端每天的业务量就足足有好几百单。

朋友圈里一个十足的吃货，每天她都会晒各种美食测评，大家笑说她是"好吃鬼"。但是，有一天她忽然被一位无意中加了微信的餐厅老板看中，后来就成了那老板的新餐饮品牌的合伙人。

一位单亲妈妈，每天她都会在朋友圈里发一些创业的干货和励志鸡汤，后来她一步步从婚恋失败的女性变成了自立自强的婚纱店老板——她在朋友圈里众筹开店，一个月内筹到了50万元。

一个90后的农村小伙子，他在给某电商物流平台送货，没有公众号、没有微店、不上淘宝，只是每天深夜发一张自己一天的行程记录。后来，靠着朋友圈口口相传和微信下单，过去一年他完成了 200 万元的销售额。

3

有人说，你能被人利用是一件好事，因为至少证明你还有用。

实际上正是如此。要想拥有强大的人脉，首先自己要有正能量、有能力、有梦想。你的一切努力都会被别人都会看在眼里，当有了合作、有了需求的时候，能够想到你的时候，他们自然会优先把机会给你。

如果想展翅高飞，那么请你多与雄鹰为伍，并成为其中一员；如果成天跟小鸡混在一起，那你就只能满地乱跑了。曾经有人问比尔·盖茨成功的秘诀，他说："因为有更多的成功人士在为我工作。"

先为成功的人工作，再与成功的人合作，最后让成功的人为你工作。可见，你交往的人就是你未来成功的重要基础。

与狼生活在一起，你只能学会嗷嗷叫。同样，跟优秀的人接触，你就会受到他们良好的影响。与一个注定要成为亿万富翁的人交往，你怎么可能会成为一个穷人呢？由此可见，混什么样的圈子，就会有什么样的收获。

当然，圈子有清有浊，圈子的排外性也有大有小，这取决于圈子的性质。利益性的圈子都强烈排外，你如果害怕是非，就不要踏入。

当圈子变成阻碍你迈出脚步的套子时，圈子便不知不觉地成了圈套。所以，在踏入一个圈子之前，你最好要想清楚，这个圈子是否能给自己带来正能量。否则，还是敬而远之为好。

不做井底之蛙，跳出思维的围栏

1

相信早年大家都读过一些心灵鸡汤，想来那些故事不过类似于"智力抢答题"，但至今一想到仍觉得受益颇多，例如下面这些故事。

第一个故事：

在圆珠笔刚刚发明的时候，人们经常苦恼于笔芯里的笔油用不完而笔尖的珠子就会掉落，技术人员想了很多办法都解决不了这个难题。后来，有个外行人说："把笔芯里的油放少一点不就行了！"于是，困难迎刃而解。

第二个故事：

太空中没有地球引力，宇航员进入太空后，用什么样的笔才能写出字来呢？人们把各种笔想了个遍，最后有人一拍脑门，说："用铅笔不就行了！"于是，这个问题被巧妙地化解了。

第三个故事：

一家生产牙膏的公司询问业务员有什么好办法能提高牙膏的销量。关于这个问题，大家也是想破了脑袋：一个人每天刷几次牙、用多少牙膏那都是有数的，总不能要求人们每天多刷几次牙吧？后来，有个聪明的业务员就想出了一个简单易行的办法：把牙膏瓶的口径增大一毫米。

2

人为万物之灵，关键就在于会思考，在长期的实践中，每个人都形成了自己格式化的思考模型。当面临问题的时候，我们能够不假思索地把它们纳入到特定的思维框架中，并沿着特定的思维路径对它们进行思考和处理。这就是人们通常所说的"思维定式"。

但是，思维定式是一把双刃剑，用得好能避免重复劳动，用得不好则容易犯错误。总结起来，思维定式不外乎以

下几种情况：

一、从众定式

思维定式的一个重要表现就是"从众定式"，其中，从众就是服从众人，随大流。在从众定式的指导下，别人怎样想，我们也会怎样想；别人怎样做，我们也会怎样做。

不论生活在哪个时代，最早提出新理念、发现新事物的总是极个别的人，而对于新理念和新事物，当时的绝大多数人都不会赞同，甚至会激烈反对。因为，社会中的大多数人都生活在相对固定化的模式里，他们很难摆脱早已习惯了的思维框架，所以对于新理念、新事物总有一种天生的抗拒心理。

二、权威定式

权威定式主要通过两条途径形成：一是儿童在走向成年的过程中所接受的"教育权威"；二是由于社会分工的不同和知识、技能方面的差异所导致的"专业权威"。

三、经验定式

从思维的角度来说，经验具有很大的狭隘性，会束缚思维的广度。但是，在每一个具体的现实环境中，总会有平常少见的事物偶然出现。这时，如果我们仍然用以往的经验来处理它们，不可避免地就会产生偏差和失误。

3

如果你在街上碰到两个多年未见的老同学，一人开着奔驰，另一人骑着自行车，你的第一反应是不是开奔驰的同学比骑自行车的同学混得好？做出这样的判断后，你是不是更倾向于跟开奔驰的同学沟通，而轻视骑自行车的同学？

前段时间，大喵去公园钓鱼，结果走到池塘边上时一脚踩入池塘，幸好附近也有人在钓鱼，就及时救了他，否则后果不堪设想。大喵得救后说的第一句话是："我以为池塘边上的红色浮萍是道路，没想到一下子就掉进去了。"

大喵遭此横祸，就是因为思维定式。因此，在遇到特殊情况时，我们不能一开始就将它带入自己熟悉的"套路"，而要跳出习惯性思维，用不同的理念去分析问题，用全新的、创造性的方法去解决问题，用前所未有的态度来对待自己所处的特殊位置。

以下几种方法能帮助你摒弃思维定式：

一、从多个角度看问题

大脑有一些习惯的思维模式，常常会导致人们忽略某些微妙的问题。但是，转变角度能隐藏显性事物，继而将其他隐性事物显露出来。

二、从非专业角度看问题

到图书馆去，找几本与自己行业不相关的书或者杂志看看。那样，你会发现，其他行业的人也遇到过同样的问题，但是他们的解决方法可能与自己完全不同，所以能带给自己启发。

三、问问孩子的意见

我觉得孩子的"童言无忌"常常会让我们大人有所启发，所以，问问孩子怎样去解决一个问题，会让你跳出自己的思维定式。

四、冲个澡

洗澡和创造性思维之间有着某种诡异的联系。因为冲澡时，你脑子里在想其他事情，可能是因为赤身裸体，可能是因为热水让人放松了。这有点神奇，有些人对此坚信不疑。

所以，如果有什么事情困扰了你，不妨去冲个澡，看看自己会不会冒出什么奇思妙想。

4

思想有多远，我们就能走多远。

有句话叫"穷则变，变则通，通则达"。而《思路决定出路》一书中说："我们不能改变环境，但可以改变思路；我们不能改变别人，但可以改变自己。多一种思路，多一条出路，思路决定出路，观念决定前途。"

是啊，你可以没有葡萄酒，但可以在内心种植葡萄。你可能失去了爱情，但可以在心中盛开玫瑰。

会换位思考，更能理解他人

1

那年冬天，浩子到处奔波，穿梭于各大招聘会和人才市场，他第一次感到这个在众人眼中遍地是黄金的一线城市是如此寒冷。

浩子需要找工作，公司也需要人才，但是他应聘和面试了许多公司、许多职位，要么是公司不满意他，要么是他自己不满意职位。

这天，浩子又顶着寒风乘坐地铁去一家听说待遇和环境都非常不错的公司应聘。

早高峰时期，地铁里的人特别多，浩子好不容易抓住了身前的一只吊环，才保持住身体的平衡。地铁开到下一站，又上来一些人，却没见几个人下去。车内明显更拥挤了，饶

是浩子这般强壮的身躯也被挤得够呛。

这时候，浩子发现身边站着一位女士，她没有吊环可抓，只能抓着上面的横杆。她虽然抓得很牢，奈何个子有些矮，看着很吃力，浩子便把吊环让给了这位女士。

又过了几站，女士跟浩子同时下了车。更巧的是，两人居然朝着同一家公司走去。

原来，这位女士正好是这家公司的员工，两人便攀谈了起来。在得知浩子是来应聘的之后，女士就给他介绍了公司的许多情况。经过她的一番点拨，浩子心里明显有了充足的准备，因而在参加面试时显得自信满满。

不久，浩子收到了公司的录用通知邮件。

上班很久以后，在一次公司举办的聚餐上，浩子的直属领导喝多了，然后告诉他："知道当初公司为什么录用你吗？不仅是因为你面试时表现得优秀，而且更重要的是，有人极力举荐了你。而举荐你的人是一位非常优秀的老员工，她曾获得过'最佳员工'称号。"

浩子没有想到一次小小的善举，使自己意外得到了人生中的一次重大机遇，这不仅为他赢得了一份好工作，还赢得了一份难得的同事情。

2

换位思考，是一种人对人的心理体验过程。将心比心，是达成理解不可缺少的心理机制。秉着"理解至上"的态度，我们要设身处地为他人着想，对他人多一些理解。

同样是花，林黛玉会有"花谢花飞飞满天，红消香断有谁怜"的感怀，龚自珍会有"落红不是无情物，化作春泥更护花"的认识。但是，你能苛责寄人篱下的林妹妹的伤怀吗？你能否认落红护花的事实吗？恐怕都不能吧。

再如，同是一轮明月挂在夜空，张若虚会吟出"江畔何人初见月，江月何年初照人"的思索，李白会叹出"床前明月光，疑是地上霜"的乡愁。

我们只有学会换位思考，去体会一朵花的丰富内涵，去感受一轮月的多情品性，才能真正理解主人公的心灵寄托。

许多时候，我们都需要进行换位思考，不能把自己认同的观点、自己喜欢做的事强加于人。遇到问题时多进行换位思考，这样才能更好地理解别人，减轻别人的思想负担，自己也能轻松地面对一切。

当我们给别人带来不便时，当我们为小事跟别人不依不饶时，当我们出言不逊中伤别人时，我们要问问自己："如果我是对方，我会怎么想？"这样，你就会释怀了。

生活是万花筒，每当我们换一个角度去看时，就能发现不一样的美。换位思考给我们的启示，就是要从不同的角度去看待生活，让生活变得更加多彩。另外，人与人之间需要通过互换角色来增进理解，这样社会才会和谐。

3

一位著名的歌手在刚出道的时候，上台表演说的第一句话是："大家好，我来了。"现在，她上台表演时的第一句话变成了这样："谢谢大家，你们来了。"

这两句话看似简单，却反映了她思想观念的重大转变。而正因为她的换位思考，正因为她从自身的角度转换至观众的角度去考虑问题，她才得以有了今天的辉煌成就。

由此看来，换位思考是走向成功的重要路标。

换位思考是一种智慧的闪耀，一种理性的牵引，一种低调的超然，一种化险为夷的宽容。换位思考是一种巨大的人格力量，能产生强大的凝聚力和感染力，它就像一泓清泉，能浇灭怨艾、嫉妒、焦虑之火，化干戈为玉帛。

其实，换位思考并不怎么深奥，它存在于生活的点点滴滴之中。我们少一分随意，别人就会多一分轻松；我们少一分刻薄，别人就会多一分宽容。

如果让人人都懂得换位思考，那未免也不现实。但我们要认识到，懂得换位思考的人，他们的世界会色彩缤纷，他们的人生将少有遗憾。

保持一颗永远开放的心

1

几年前，我在一家英语培训机构教口语课。有一次开学季，上第一节课时，因为师生初次见面，我照例让大家做自我介绍。

有一个学生在做自我介绍时，表现出了很好的口语基础，于是，我打算调侃他一下。当听到他的英文名字叫格林（Green）的时候，我想，机会来了。

我说："You know, when someone said you're so green, it means that you're a green hand."

众所周知，"green"这个词在英语里有"绿色"的意思，由此可以引申出以下含义：不成熟、新手、菜鸟。

但是，这个学生的回答让我喜出望外："But I think green means hope.（但是，我认为绿色代表着希望。）"

我不再惊讶于这个学生的口语能力，他能有如此良好的心态和成绩，那也就不足为怪了。

2

每个人都在寻找人生的幸福，而真正的幸福是心灵开出的花，是一种积极开放的人生态度。佛家的说法是："日日是好日，时时是好时，人人是好人，事事是好事。"

读到这句话时，你的内心是什么感受呢？是不屑一顾，还是深以为然呢？

其实，谁不希望自己的内心达到这样的境界，那是何等自在，何等和谐，何等清净！

在我们接触的所有人事环境和物质环境中，我们有了自己的好恶，有了自己的执着，遇到自己喜欢的事物就贪，遇到自己不喜欢的事物就会生嗔恚、发脾气。所以，贪嗔痴一起作用，心就被淹没了。

不管是儒家学说也好，还是佛家学说也罢，本质上是殊途同归，都是在教导我们要保持一种积极开放的心态。所以，我们要热衷于谈健康心态与幸福人生，因为我们对健康、心态的关注程度还不够，还没有真正把问题搞清楚。

比如说，美国有一对年轻男女约会时，男士迟到了，女士就问他："你去干什么了？"男士回答："我去看心理咨询师了。"听到这样的回答，女士的第一反应是什么呢？

在美国，如果女士听到男士去看心理咨询师，她会觉得这个男士的心理素质很高，因为他连一点小的心理问题都会去求助心理咨询师，所以是个对自己负责的人，她觉得跟这样的人在一起生活会有安全感。

在中国，男士如果这样回答，女士会有什么反应呢？第一反应可能就是：这个人是不是有心理问题，要不然怎么会看心理咨询师呢？

这便是一个心态的问题。

3

卡罗琳和丈夫是新婚燕尔，两人尚处在如胶似漆的蜜月期，丈夫却突然接到命令要去位于沙漠的陆军基地演习。由于不忍与丈夫分离，卡罗琳做了个艰难的决定，她要陪伴丈夫去沙漠执行任务。

白天，丈夫出门执行任务的时候，卡罗琳就一个人留在临时搭建的铁皮房里。那滋味简直就像是进了烤箱，即使躲在仙人掌的阴影里，也比窝在铁皮房里被烤熟要强。

卡罗琳身边也有少数几位随军家属，但没人会说英语，没人能陪她聊天，她孤独、难过极了。

不久，卡罗琳中暑了，她给父亲写信诉说了自己的不

幸，并在信里嚷嚷着要回去。后来，父亲回信给她，虽然信里只有两行字，但永远地印在了她的心里："有两个犯人，他们从牢中的铁窗望出去，一个看到了泥土，一个却看到了星星。"

卡罗琳瞬间明白了父亲的意思，于是她决定要在沙漠中找到"星星"。后来，她成了研究沙漠的著名专家。

4

不同的心态决定了不同的见识，导致了不同的命运，这就是心态的力量。

你改变不了环境，但能改变自己；你改变不了事实，但能改变态度；你改变不了过去，但能改变现在；你不能支配明天，但能把握今天；你不能指望别人，但能把握自己；你不能延续生命的长度，但能扩展生命的宽度。

人的一生中有顺境也有逆境。身处顺境固然很好，但身处逆境时若有一颗开放的心，也能够得到启发并且成长。用一颗开放的心去看事情，才能看出真相。

你若以开放的心态面对人和事，任何困难都会迎刃而解。

第 三 章
自励情商

　　面对人生，我们要多一点潇洒。努力不一定会成功，但想要成功，就一定要努力。只要努力过，即使没有成功，也不会后悔和遗憾。

你的生活需要责任感

1

我想起小时候做过的一个游戏。

游戏规则是：两个人一组，中间相距一米远。整个游戏必须在黑暗中进行，一个人背朝另一个人倒下去，另一个人除了保持原地不动以外，还要用手接住对方，并说："放心吧，我是责任者。"总之，接人者要确保能扶住倒下者。

游戏的寓意是：让每个人都意识到承担责任的重要性，做一个责任者。

每个人都知道责任的重要，但到底有多重要，恐怕就仁者见仁，智者见智了。

有人认为，责任重于泰山，人们必须要有勇于负责的精神，所谓"天下兴亡，匹夫有责"。设想一下，如果士兵不尽责，教师不上课，农民不种地……那么国家还会存在吗？

无良地产商偷工减料盖的房子，你敢住吗？黑心商贩制作的地沟油食品，你敢吃吗？

想一想，如果各行各业的人且不说丧失了责任心，就是责任心差点，我们的社会会成为什么样子？

活在世上，我们不免要承担责任，小至对自己和家庭，大至对国家和社会，我们要带着责任感去生活。

责任让人坚强，让人勇敢，也让人懂得关怀和理解。因为，当我们对别人负责的同时，别人也在为我们承担责任。

2

有人说，假如你非常热爱工作，那你的生活就是天堂；假如你非常讨厌工作，那你的生活就是地狱。在生活中，每个人大部分的时间是与工作联系在一起的，所以，一个人放弃了对工作的责任，就背弃了对社会所负使命的忠诚。

对手头工作百分之百负责的员工，他们更愿意花时间去研究各种可能性，因此更值得信赖，也更能受到别人的尊敬。与此同时，他们也获得了掌控自己命运的能力，这将加倍补偿他们为了承担责任而付出的额外努力、耐心和辛劳。

责任重于能力。现代企业在用人时非常强调个人知识和技能，事实上，企业真正需要的是责任与能力并重的人才。因为，没有做不好的工作，只有不负责任的人。

履行责任需要具备一定的能力，一个优秀的人要全面提高自己的能力，让自己成为一个擅长履行责任的人。

3

退休后，闲不住的老唐去了一家服装厂当保安。一天晚上，老唐在巡逻的过程中，发现一间比较偏僻的仓库门锁因为生锈坏掉了，而且仓库里扔有烟头。他怀疑有工人偷偷躲在里面吸烟，就将这一情况告诉了保卫科长。

保卫科长听完老唐的汇报后，就把这事告知了仓库主管。仓库主管也觉得责任重大，就向厂长进行了汇报。厂长觉得这不是小事，就向董事长汇报。当时，董事长去外地出差了，他只在电话里说让厂长自己看着办。

无巧不成书，就在当晚，又有两名员工躲进仓库里吸烟。当晚恰好起了大风，没有完全燃尽的烟头被风一吹，点燃了仓库里的布料。结果，整座仓库的原材料毁于一旦，造成了重大的经济损失。

董事长回来后大发雷霆，遂召开紧急会议追究相关人员的责任。

会上，老唐说："我发现情况后就告诉了保卫科长。"

保卫科长则说："我第一时间把事情上报给了仓库主管。"

最后，厂长刚想做自我检讨时，董事长发话了："你是不是要说自己也在第一时间报告给了我？"

厂长战战兢兢，说不出话来。

董事长接着说："照你们的意思，只要把安全隐患问题上报给上级就可以了，那这次工厂失火事件，最后是不是要由我负责？"

实际上，在这次事件中，哪怕只要有一个有责任心的人去换一把锁，就能避免造成重大损失，可偏偏每个人都觉得事情是这样的：只要把责任撇清，这件事就与我无关了。

事故处理的结果是，当事人的工资都降了一级，以示惩戒。而那几名吸烟的员工，直接被开除。

4

"没有一滴雨滴认为它们应当对洪灾负责。""没有一滴雨滴敢对花儿的绽放居功。"这两句谚语说的都是责任。

责任感是一个人的关键品质，是他在社会上立足的重要资本。

主动承担责任或主动要求承担更多的责任，是一个人获得成功的必备素质。一个人能够做出不同寻常的成绩，是因为他首先会对自己负责。

没有责任感的人，是不完整、不成熟的人。不懂得负责的人，是不懂得生活真谛的人。如果把职责视为一种天赋的使命，在工作中尽心尽责，我们就能得到回报和荣誉。

拥有初学者的心态

1

乔布斯 19 岁时去印度修禅。当时，在他的床头上贴着一条标语，它值得所有人铭记："永远保持初学者的心态。"

有一位学者说："初学者看待问题的角度多种多样，但专家看待问题的角度少之又少。"我们不该被事物的表象迷惑，而应该去洞察它的本质，不无端猜测、不期望、不武断，也不偏见。

初学者的心态，正如一个新生儿面对这个世界一样，他永远会充满好奇。在一个初学者的心中，一定充满了各种可能性——对一切保持开放的态度。这让乔布斯成就了他的苹果帝国。

所有人都接受的存在，所有人都尊崇的现实，乔布斯就会感到不舒服。有一天，他坐在草坪上想：电脑键盘为什么要有这么多键呢？操作起来麻不麻烦？

其实，人们确实感觉键盘麻烦，可是又容易习以为常，认为天生就该如此。但是，乔布斯想要解决这个问题，于是他设计出了触摸屏——他从出发点看到了大画面。

乔布斯似乎在用他的行动说明：一切被视为基础的东西，从习惯上被看作永恒、真理、观念的全部规定，在我这里都要融化，粉碎！要敢想敢干，要走向孤独！

走向孤独，这是他的出发点。

但是，从孤独出发不是每个人都做得来的。如果你能遇见一位肯以"初学者"心态传授你技艺的师父，那么你真的是上辈子修着福了。

2

我的一位初中语文老师，跟大多数老师都不同，因为我从未见过他有不耐烦的时候。每讲一堂课，他都会把我们当作一群初学者，力图让我们从中受到启发，掌握最简单的道理。

有一堂课学习一篇古文，我迄今记着那篇文章里面有句话说："中原连年饥荒，百姓处于水深火热之中，吾不能解民之倒悬，心急如焚！"

这是古代一位清官的表白，老师念一遍后，没有就此了事，他先引导学生体会处在"水深火热之中"时的感受，然后让一个学生表演倒悬一分钟，以便其他同学观察他满面

通红、气喘吁吁的样子，再让学生体会"火焚手背"的感觉。

最后，他才将"水深火热""倒悬""心急如焚"等情景勾画出来，声情并茂地替这位清官表白。

全班同学先是一阵唏嘘，接着就对这位清官产生了无限的崇敬之情。

倘若语文老师没有用面对初学者的思路反复进行强化训练，没有引导我们去体会这些词句，只是蜻蜓点水似的一带而过，或者只是制作几个课件，点一点鼠标了事，我想我就不会到现在都还记得这句话，也不会有深切的情感体验。

3

能够禅悟初学者的心态，将会使你受益无穷。还没有找到法门的朋友，不妨从以下几方面做起：

一、保持"无知"的心态

在武术里，"无知"的心态就是勇士的智慧所在，所以，返璞归真才是大智慧。"无知"让我们能拥有一个没有拘束的心态，能够及时由当前情况做出判断而不受经验的影响。"无知"的心态就是给自己的直觉留余地。

二、跌倒也是学习的一部分

我是从孩子学步的过程中认识到这个道理的。

有一天，我的朋友带着她刚学会走路的女儿到我家做客。小女孩走起路来摇摇晃晃，没走几步就"扑通"倒地了，不过，带着一副坚定表情的她又站了起来。结果，她就这么一直重复着倒下去，然后再站起来。

尽管没有明显的成功迹象，但还是带着坚定的心去学习这件事，那是什么时候呢？对，就是蹒跚学步的时候。所以，如果你跌倒了一千次，那就第一千零一次站起来吧。

扔掉"应当"吧，抛弃理所当然的常识。"应当"这个词看起来跟一位专家似的，比如有人对你说："你现在就应当做这事。"你会不会烦呢？而作为一个初学者，他们的心中往往没有"应当"这个词。

如果你常常被先入为主的习惯性行为所影响，就很容易被理所当然的常识所限制和困惑。所以，只有抛弃偏见，才能不断创新。

忘掉"观众"，不要害怕出丑，专注于你正在做的事。你上一次学习新技能是在什么时候？为什么年纪越大就越担心做一名初学者？是不想看到自己失败的样子，还是害怕别人嘲笑自己呢？

那只能说明，你还没有脱离外界的束缚。

三、时刻保持提问的良好习惯

提问只能说明现在你还不懂，而不能说明你无知。初学者的心态在于发挥自己的提问精神，而不是为了得到什么答

案——一个杯子里面装满了水，怎么才能再倒水进去呢？答案是，把原来的水倒掉。

那些自以为是的人，自以为无所不知的人，恰恰才是真正的无知。

一次"不会"没什么，一直"不会"才是无知。

只做一事又何妨

1

星期一上班，我正在电脑前全神贯注地写下个月的工作计划，电话铃响了，原来有人约我晚上聚会。一天之中，类似的事情还有：同事请求我们协助，下属需要我们帮助解决问题，上司又给我们安排新的任务。

于是，我们不得不被迫中断正在进行中的工作。

回过头来再写工作计划时，我已经没了心思，想想还是打开 QQ 吧，看看有没有好友在线。不一会儿，小喇叭"嘟嘟"地响了起来，头像在忽闪忽闪地跟我打招呼。

过了一会儿，到体育直播时间了，我又打开了一个窗口，边写计划边看球赛，还要不时地瞄一下右下角的小企鹅。

就在这时，一位同事过来找我，我们就以上厕所的名义去室外"放风"了。

回来后，半个小时过去了，我的文档里的"工作计划"四个大字下面，才刚刚开了个头。

有一段时间，我特别累。后来，我才发现我确实该累了，因为，每一段时间里我都在同时做着两件以上的事。比如，我在上班的间隙里要抽空看一会儿球赛，看球赛的时候还惦记着自己有几篇稿子没有写完。到了晚上，我先辅导成绩不好的孩子写作业，然后再看一会儿书，还要时不时地看看孩子有没有在玩。

每天这样过着，后来我终于顶不住了，放下了一切工作，专门在家睡了一整天的觉。是的，我再也不要过"一心八用"的生活了。

2

为什么越来越多的人会有工作太多、精疲力竭的感觉呢？到底是工作时间太长，还是花了太多时间在同时进行多个不必要的任务？

开会时，我要带上手机假装做笔记，其实是在上网；开车时要听音乐，甚至还打电话；吃饭时要看电视，上厕所时

还要拿本书看。天哪，我真的有这么忙吗？我真的充分利用时间了吗？

有人说，现在人们的压力这么大，如果不充分利用自己的时间，岂不要落在别人的后面？

错。

你在同时做多个工作的过程中，最大的损失是效率变低了——注意对象换来换去，只能带来疲惫和低效。与一生只做一件事的人相比，你一次做一件事的效率已经不知道要高出多少倍了。所以，你不要三心二意。

世界零售业巨头沃尔玛自始至终都只做零售，钱再多都不做房地产；比尔·盖茨只做电脑开发产业，其他行业再赚钱也绝不插足。

3

朋友超子在麦肯锡公司工作了 10 年，回国之后自己开了一家咨询公司，靠着自己的专业和勤奋，他在业界获得了良好的声誉。

有一次，超子为一家处于破产边缘的公司出谋划策。了解到这家公司的老总对什么事都喜欢胡子眉毛一把抓，什么热就做什么、什么火就追什么之后，超子约他来会谈。

超子说，能在 10 分钟内给老总一个妙方，把他公司的业绩至少提高 50%。然后，超子递给他一张白纸，说："在这张纸上写下明天你要做的 6 件最重要的事，然后把每件事对于你和公司的重要性用数字标明次序。"

老总写完，这大约花费了 5 分钟。

超子接着说："现在把这张纸放进你的口袋里，明天上班后你就把它拿出来，处理其中的第一件事。注意，先只做第一项，直至完成为止。然后，用同样的方法处理第二件事、第三件事……直到下班为止。如果当天你只做完了五件事，那不要紧，因为你已经做了最重要的事。"

超子又说："每天你都要这样做。当你对这种方法的效果深信不疑之后，叫你的员工也都这样做。这个试验你爱做多久就做多久，最后有结果了再转给我咨询费，你认为值多少钱就给我多少钱。"

这次交谈历时不到半小时。

几个月之后，那位老总给超子转了 10 万元的咨询费，并写了留言。在留言里，老总钦佩地说："那是我一生中最有价值的一堂课。"

后来，这家公司发展成当地行业里的龙头企业，每次有其他家公司来取经，那位老总都会说："给我 10 万元，我把秘密告诉你。"

4

有这样一句歌词："千金一诺终无悔，人生只做一事又何妨。"其实，成功并不一定需要精明强干、样样精通或八面玲珑，而只要专注于自己会做的那件事——即使是微不足道的小事，也坚持把它做好。那么，有一天你也会令人瞩目。

从现在开始，为自己安排有规律的作息，温柔地对待时间吧。

此刻的你在做些什么呢？如果想睡觉了，那就不要再信手翻看手机了。亲爱的朋友，既然夜深了，那就洗洗睡吧。

做独一无二的自己

1

歌曲《我》中唱道："我就是我，是颜色不一样的烟火。天空海阔，要做最坚强的泡沫。我喜欢我，让蔷薇开出一种结果，孤独的沙漠里一样盛放得赤裸裸。"

后来，歌曲《我相信》更加发扬了这种追求自由个性的精神："我相信我就是我，我相信明天，我相信青春没有地平线。"

可惜，敢于大声唱出自我的人太少了。

哲人莱布尼茨说："世界上没有两片完全相同的树叶。"当然，世界上更没有两个完全相同的人。比较，能够让人发现自己的不足，但是，怕就怕人们在比较中迷失了自己。

多年以来，我们所受的教育都是以集体为重，以大局为重，而个人英雄主义似乎只能在古装电视剧或者美国大片中出现。俗语"随大流，不挨揍"很能反映出一些人的心态，但是，现在一部分80后、90后青年勇于做自己的心态还是很值得我们学习的。

如何发现独一无二的自己，如何将事情做好，如何获得成功，其关键在于能否准确识别并全力发挥自己天生的优势。但是，发现自己，看起来很简单，做起来并不轻松，正所谓："不识庐山真面目，只缘身在此山中。"

很多人忙忙碌碌，却不快乐，他们不知道自己是不是在做着自己想做的事，甚至不知道自己到底想做什么。

为什么？因为不了解自己！

一个人只有进行自我剖析，才能找到属于自己的优势，发挥潜能，创造辉煌，而不是想去做个完人，盲目地全面发展或是"东施效颦"，在迷失自我的同时给他人留下笑柄。

2

影片《无问西东》以吴岭澜的故事拉开了序幕。当年，泰戈尔访华时，他的一句："你明白你自己的心吗？"启发了吴岭澜，让这个国文和外语总是考满分，但物理、化学常常考不及格的学生重新思考了一下自己的人生。

"因为最好的学生都在念实科"，所以，吴岭澜就选择了念实科。

后来，这个身处时代洪流中的迷茫青年被梅校长的一席话彻底惊醒："你看到什么、听到什么、做什么、和谁在一起，有一种，从心灵深处满溢出来的不懊悔，也不羞耻的平和与喜悦。"

扬长避短之后，吴岭澜开始在做学问的道路上狂奔，一路跑到了那个为后世所敬仰的"西南联大"。

吴岭澜这个虚构的人物，其实代表了当时无数迷茫的年轻人。

时过境迁，这段来自民国时期散发着光芒的"教诲"，在几十年之后仍然对我们有着莫大的警醒作用，能让我们在面对时代浪潮时叩问自己的心，不必选择迎合——遵从内心，从容笃定。

在日常生活和工作中，我们往往只看到那些成功人士的优点，并且自以为只要不假思索地照搬照抄过来，就能变得跟他们一样，而对自身的优势却不闻不问，任其荒废，或者也会对自身的优势进行修补，但不是想着去发挥。

这样借鉴优势的模式与取长补短的本质区别就在于，一个是以自我为中心，而另一个却是以他人为中心。谁优谁劣，一目了然。

3

何谓优势？用一句最直白的话来说就是："你天生就能做好这件事，做它时不费劲，还比其他人做得好。"

比如，这跟高尔夫选手泰格·伍兹一样，他的障碍技能平平，但他的超凡长射和进洞技术无人能敌，所以他充分发挥了自己的绝对优势，让自己成了顶尖的高尔夫球高手，令人望而生畏。

那么，如何发现自己的优势呢？

优势一般可以分为三个部分：才干、知识、技能。才干是你天生的并贯穿始终的思维、感觉或行为模式，知识由所学的事实和课程组成，技能是做一件事的步骤。

了解这些内容更有利于我们认识自己，从而找到自己的优势。然而，只是找到自己的优势就行了吗？

不是。如果你没有很好地施展自己的优势，就算有再好

的优势也白搭。所以，我们不仅要善于发现自己的优势，还要掌握把优势放大的手段，真正实现人生的辉煌。

一是，若想使某件事成为你的优势，你就必须始终如一地做好它；二是，为了把某件事做好，你并不需要方方面面的优势；三是，你的成功之道在于最大限度地发挥自己的优势，而不在于克服自己的缺点。

4

"成为自己，成为我们能成为的人……"每个人最大的成长空间都在其最强的优势领域之中。所以，发掘优势所在，将优势最大化，是成功最稳定的基石。

学习成功人士的激情，去做与众不同的自己吧，让自己的优势得到发挥并带来无限收益，从而找回迷失的自己。

你要这样告诉自己：行走天地间，我就是我，没有人能把我代替，也没有人能把我忽略！

你不超出想象，我怎好对你仰望

1

"比别人做得好，比别人要求和想象中的做得好。"这几乎是所有成功者的众口一词。

著名的日本商人堤义明在谈到自己的赚钱哲学时说："成功需要比别人多努力 3 倍。"李嘉诚谈到成功的秘诀时说："成功的秘诀就在于比别人多努力 2 倍。"脱口秀主持人奥普拉在介绍自己的成功经验时说："我人生最重要的目标就是要追求卓越，要做就要做到最好。"伟大的篮球运动员迈克尔·乔丹在退休时说："我成功了，因为我比任何人都努力。"

当你拿着 3000 元的薪水而做着价值 3 万元的事情时，这就是你升职加薪成功的秘诀；顾客向你买 1000 元的产品，你回报给他 1 万元的服务，你就有机会"赚"得更多；当你收到学员 5 万元的学费，你要教给他们价值 50 万元的课程。

不管做任何事情，不要先想着自己能获得多少利益，而

要先去把事情做得比别人更好。如果能做到"物超所值"10倍、20倍以上，我想，你不成功，天理不容。

有人说，要想成功，就要比第一名更努力。

2

新东方"男神"导师艾力的拼命精神众所周知，他是畅销书《你一年的8760小时》和《人生的84000种可能》的作者，也是综艺节目《超级演说家》和《奇葩说》的座上宾，还是"34枚金币时间管理法"的创始人。

艾力的拼命精神，从上学时就有了。工作后，他把拼命三郎的精神发挥到了极致。平时，除了上课之外，他还兼任着一些英语视频节目的主播和主讲老师的工作，往往是晚上录制了一整晚的个人视频课《酷艾英语》，第二天早上还要赶去上课。

令人印象最深的是，白天他在新东方讲了10节课，下班后又匆忙赶晚班飞机，凌晨一两点到达目的地，四五点钟起来录节目。第二天八九点钟，他又神采奕奕地坐在镜头前侃侃而谈了。

尽管已经很成功了，但艾力从未放弃挑战极限，如今他依然坚持每天健身、读书、学西班牙语、写作。另外，为了拓展思维和人脉，他每周还要请三个不同领域的朋友吃饭。

为了充分利用时间，艾力发明了一套"34 枚金币时间管理法"：假定一个人每天睡 7 个小时，则剩下 17 个小时可供支配。设每半个小时为 1 枚金币，总共有 34 枚金币，每过半个小时你就会少 1 枚金币。

艾力就是这样记录 34 枚金币的使用情况，以此来高效管理自己的时间的。

3

优秀的人都敢对自己下狠手。《罗辑思维》的创始人罗振宇每天早上都要发精确到 60 秒的语音，而且还保持思想品质不降档。

莱昂纳多·迪卡普里奥陪跑奥斯卡奖 22 年，最终凭借《荒野猎人》封帝，而每个看过这部电影的人，都知道他究竟有多拼。

是的，优秀也许并不难，难的是一直保持优秀的状态。这大概才是对"不忘初心"这四个字最完美的阐释吧。

很多人一直想要提高收入，但是他们不愿意为此而付出更多的努力。我曾经和一个朋友聊天，他说老板一个月只付给他 8000 元的薪水，一直不给他加薪，因此，他就一直做着 8000 元的事情。

我告诉他，这个想法实在是大错特错。我问他："如果

你是老板，有一个员工想要加薪，可是他又不想多付出心力，你会给他加薪吗？"

他回答："不会。"

我又问："你会把他怎么样？"

他回答："为了避免他带来负面影响，也许我会考虑开除他。"

于是，我告诉他："你的老板没有开除你，说明对你已经很不错了。而你居然还觉得老板不好，并且想要换工作，这简直是'不知好歹'。"

4

如果你只做着薪水内的事情，那么你有何理由要求老板加薪呢？所以，你必须先主动做出超过薪水的事情，甚至超过薪水几倍的事情，这样你才有理由要求加薪。

要想得到别人的认可，就要按照别人的要求去做；要想给别人一个惊喜，就要比别人要求的做得还好。

每一位优秀人士都有这样的想法：如何付出更多？如何做到最好？还有哪里不够完美，需要改善？常人斤斤计较的是：我付出了多少？我的哪些付出没有得到回报？

管理学上有个著名的"多一盎司定律"，意思是说，取得突出成就的人与取得中等成就的人几乎做了同样多的工作，他们的努力差别很小，只是"多一盎司"。

一盎司相当于1/16磅，但就是这微不足道的一点区别，会让你的工作和成就与别人大不一样。

比别人想象中做得还好，要求我们在工作中要比别人"看得更远一点、做得更多一点、动力更足一点、速度更快一点、坚持的时间更久一点"。

这是一种主动、勤奋的精神，这是一种坚忍不拔、永不放弃的意志，这也是一种行动迅速、做事高效的能力。

要做充满耀眼光环的自发光体

1

几年前，我受邀去给一些家庭妇女做培训，班上的几十名学员都是来自不同行业、不同家庭的底层妇女。为了让大家彼此熟悉，便于以后的交流，每次上课时我都会留出一定的时间让每个人做自我介绍。

这天，有一名女学员一开口就吸引了大家的注意，她说："我叫佟丽君。在我小的时候，母亲因病去世，是父亲

一手带大了我。结婚后，我和丈夫白手起家，终于打拼出了一片天地。但是，在我婚后的第 10 个年头，丈夫对我说：'丽君，你煮的茶叶蛋很难吃。'接着，他就跟一个小他十几岁的女人走了。

"受离婚的影响，我也失业了。我对上帝说：'这个女人变得一无所有了。'上帝却说：'悲观的女人才会变得一无所有！'于是，我来到这座城市，在最繁华的街角卖起了茶叶蛋。我想说的是，我煮的茶叶蛋棒极了，我爱死自己了！"

说完，佟丽君真的从座位底下拿出一兜茶叶蛋，跟在座的每一个人分享了。

我想，那真是我有生以来吃过最好吃的茶叶蛋。而更让我难忘的是佟丽君说的那一番话，没错，她欣赏自己，善待自己——哪怕处境艰难，她心里也充满了温暖的阳光。

2

有句话叫"士为知己者死，女为悦己者容"，但从欣赏自己的角度来看，这句话有点失之偏颇。因为，太在意别人看自己的目光，从而忽视了自己，这样的人生岂不太累？

有人说："羁绊我们生活的，往往是别人的生活模式。"是啊，如果我们能以一种平淡而无杂念的心去欣赏自己和他人，我们的人生绝对会是美丽的。

东施想学西施，结果闹了个大笑话；寿陵少年邯郸学步，结果连原来走路的样子也忘了。这样的例子在现实生活中比比皆是。

达·芬奇的名画《蒙娜丽莎》在日本展出时，立刻在东京引起轰动，各地都掀起了一股"蒙娜丽莎"热。其中，有10名女中学生受到了影响，去医院做了整容手术，使自己的容貌变得与蒙娜丽莎非常相像。

然后，她们应邀来到电视台，想象一下，那会是什么样的情景？那几张脸都与蒙娜丽莎相似，但是哪一张也不具有蒙娜丽莎的神韵，只是徒有其表。

现代科技能让人通过整容手术改变自己的容貌，但是人的魅力不可能依附在容貌上——美和丑不仅仅与人的容貌有关，更与自身所表现出来的情操与教养等综合气质有关。

徐悲鸿说："别人看我是荒谬，我看自己是绝伦。"学会欣赏自己，你才能发现人生的美妙。一个人要能客观地审视自我和评价他人，比如，虽惊羡他人技高一筹，但绝不因自己技不如人而迷失自我。

只有学会欣赏自己，才能欣赏他人。林徽因说："你是一树一树的花开，是燕在梁间呢喃，你是爱，是暖，是希望，你是人间的四月天！"

学会了欣赏别人，世界就会春暖花开；学会了欣赏自己，你就是人间的四月天！当你学会欣赏别人为你呈现的美时，便也会懂得如何将自己的美以最恰当的方式展现给他人去欣赏。

当然，如果你是一个只会欣赏他人却不会欣赏自己的人，我便只能对你抱以同情的态度。但我愿跟你分享这句话："告诉自己，你很重要。"

3

每个人都具有照亮舞台的闪光点，如果你能很好地发现并发扬自己的闪光点，那么祝贺你，你终于明白了自我价值的所在。

生命只赠予我们一张不能返回的单程票，你的一生只能是沿途的风景。如果你只关注他人的景色，那么，你注定会忽略自己眼前的风光。

上帝在安排人生的时候，给每个人都设定了一部独一无二的剧本，你是否有能力驾驭好自己的角色，是有待自己去挖掘的，而不仅仅只是沉醉在他人驾轻就熟的演技上。

从此刻起，请无条件地全盘接受自己——不管是你的长相、家庭背景，还是优缺点。在欣赏自己的前提下，要设计好自己的人生之路，保持身体和心理的健康，建立起良好的人际关系，因为这些才是你过幸福生活的必要条件。

欣赏是一门艺术，欣赏他人是一种能力，欣赏自己是一种智慧。

欣赏是一种由内向外流露出的气韵，它是真善美光芒的闪耀。学会欣赏自己和他人的人，才是最亮丽的，请把你欣赏的目光投到每一个角落吧！

聆听他人的声音，保留自己的判断

1

有一位成功人士指出：当一个团体保持意见一致时，决策的效率自然会很高。然而，当团体鼓励成员提出不同的意见时，尽管会带来某种冲突和混乱，却会使决策的质量提高，并且避免犯下大错。对此，你怎么看呢？

古训也好，俗话也罢，比如"兼听则明，偏信则暗""话不说不透，理不辩不明""两刃相割，利钝乃知；二论相订，是非乃见"，都是在告诫世人要多听取他人的意见。

美国通用汽车公司前总经理艾尔弗雷德·斯隆掌管通用

公司 23 年，将通用在美国汽车市场上的占有率从 12% 提高到了 56%，算是典型的成功人士，他曾将自己的决策理念归纳为：听不到不同意见，不决策。

斯隆的成功启发我们，正确的决策往往来自不同意见的交锋。

实际上，管理在很大程度上是沟通的问题，80% 的管理问题是由于沟通不畅所致。许多管理者不愿倾听，特别是不愿倾听下属的意见，那就自然无法与下属进行沟通，进而影响管理效果。

2

某公司有一位销售经理，他虽然对所在行业的研究不怎么深，却得到了下属的尊重，并被认为是一位好领导。这是为什么呢？

经过多方的了解，我终于有了初步的判断。原来，每当业务员需要这位销售经理的指点时，他都无法提供什么有用的信息——因为他不太懂！但是，他懂得如何去倾听，因此，不论别人问他什么问题，他总是会反问："你认为该怎么做？"于是，业务员会提出相应的办法，而他会认真倾听并点头同意。最后，业务员总是能够满意地离去，心里还会想：经理居然肯听下属的意见，真是了不起！

可见，是否懂得倾听下属的意见，反映的是管理者对下属的态度，而如何倾听则关系到管理者的水平。

有一次，这位经理去一家分公司视察工作，看到客户对每一位员工的工作评分都不高。他问分公司主管问题出在哪里，主管也不知道。但是，他注意到了主管的不安，就问员工的待遇怎么样。了解之后，他接着问："为什么待遇比市场标准低？"主管说，员工是否加薪要总公司决定，而他不知道怎样做才能提出这个问题。

这段对话前后不过三分钟，但是销售经理通过对话发现了三个严重的问题：第一，总公司管得太多；第二，高层重视利润胜过员工对公司的满意度；第三，分公司主管不敢提加薪的要求，说明他的上级是个糟糕的倾听者。

了解了这些问题后，销售经理一回到总公司就开始着手处理相关事情，并制定了一系列应对措施，最终解决了问题。后来，分公司的业绩和员工的薪酬都得到了大幅度的提升。

3

倾听不仅仅要用耳朵，更要用"心"。有机会就多听听不同的声音，并把它们当成"财富"收集起来，以便合理地融入自己的认知和决策。这是寻求合理、公正的重要表现，

也是一个人成熟的重要标志。

聪明的管理者都是善于倾听的人，或许，我们能从他们的倾听之道中学到点什么。例如，以下这些问题就需要注意：

一、 倾听基层员工的声音

作为领导，要直接倾听基层员工的声音，而不是坐在办公室里听汇报。这样做，很容易得到第一手资料。

二、 注意观察对方的身体语言

倾听的同时，要从对方的身体语言中发现他想要隐藏的信息，更要善用自己的身体语言，表示自己对对方正在谈论的主题很感兴趣。

三、不要以表达方式是否迷人来判断信息是否准确

一个人能言善辩，并不表示他的想法都正确。相反，有的人内向害羞、不善言谈，但他们的话可能值得一听。

四、不要选择性倾听

这几乎与不倾听一样糟糕。主动倾听才是对的，也就是说要主动提问。有些说者和听者的关系不是那么亲密，彼此不容易打开心扉，为此，你要多问几个"为什么""你认为呢"。

五、 要知道什么时候该停止倾听

到了某个时候，你必须停止倾听和收集资料，而要根据

已经得知的信息来做出决定。知道什么时候停止倾听并化倾听为行动，从而去解决问题，这才是倾听的本意。

六、 善于听取不同的意见

事物的发展充满了矛盾。在日常生活中，存在不同意见是很正常的事，正所谓："言能行，道乃进。""千人之诺诺，不如一士之谔谔。"所以，多一种不同意见就多一个备选方案，多一个对立面就少一份失误。

胸襟有多宽，成功的路就有多宽

1

低层次的人，才能是衡量他的第一标准；中层次的人，品德是衡量他的第一标准；高层次的人，胸怀是衡量他的第一标准。而一个成功的人，一个伟大的人，他们不仅仅需要有才华，更要具备宽阔的胸怀。

优秀的领导者衡量手下的员工，参考的标准也无非这三点：才能、品德、胸怀。

一个有才的人，一般是一个会做事的人，他有技能或者

学识，他能够做好一件事情，能够胜任一项工作。人才是创造价值的驱动力，即"才气行于事"，这样的人会成为领导的爱将。

一个有品德的人，他会被很多人认同，因此会建立起一个较大的社交圈，即人脉资源。一个有品德的人，他必会坚持一些基本原则——无论事业还是生活，他都会坚守自己的道德准则。

总之，他是一个被大多数人称赞和赏识的人，而这样的人本身就是"人才"。

所以，"才气施于人"是有品德之人的品性。

有大胸怀的人，一定是能够成就大事业的人，他们看得远，想问题能够从大局出发，把握全局并掌控局势。有大成就的人，他们很会善用有才有德之人，因为他们讲求的是最终的成功。

志存高远，说的就是胸怀。而所谓"锐气藏于胸，和气浮于面"，就是胸怀大度的体现。

心有多大，事业就有多大；心有多远，未来就有多远。竞争决定于胸怀，胸怀决定着格局。

2

朋友小杰开了一个职场类公众号，每天他都会收到大量的粉丝留言。其中，最多的是受职场困扰的人所说的一些负能量的话："平日里我们俩关系不错，真没想到关键时刻她居然在我背后捅刀子。""他这人不知恩图报也就罢了，当初要没我，他根本进不了公司，现在有了权居然还处处管我。""这人不厚道，是个笑面虎，专门在背后给人下绊子，我一定要教训教训他。"

看到这些留言，小杰往往都会耐心地给他们讲一讲自己的经历，开导一下他们。

去年，在公司工作一年后，小杰想请年假出去旅游。在一次闲谈中，他跟一位熟悉的上司聊起这件事，上司以过来人的身份说："以我多年的经验来看，你在咱们公司想请年假肯定批不了，还是请病假吧。"

小杰听信了上司的话，就去请了病假。不料，后来上司向公司领导告密，说小杰请病假是骗人的，实际上他是出去玩。当时，小杰对上司撂下了一句狠话："你小子等着！"

冲动之下，小杰辞职了。但是，他重新换了一家公司后，情况并没有好到哪里去。他心存积怨，干什么都憋着一股气，而且不再相信别人。自然，他的职业生涯进入了低谷，事事不顺。

这天，小杰又大发脾气，抱怨同事的种种不是。一位领导听说后就说了他几句："你心里和眼里都是负能量的人和

事，情绪又那么差，有哪个同事愿意跟你合作呢？这样又怎么能把事情做好呢？"

小杰年轻气盛，就顶了领导几句，心里想，大不了不干了。但领导不仅没有生气，反而平静地说："你觉得自己这么做究竟是在报复别人，还是在坑自己呢？"领导的一席话如醍醐灌顶，小杰有所领悟。

领导接着说："再说了，你这么努力工作是为了什么？你的工作业绩再突出，如果脾气不好，人际关系不好，那么你的工作上限都高不了，你能实现自己的理想，你能坐到自己想要的位置吗？"从此以后，小杰像变了个人一样，心胸宽广了，与同事和客户的关系也变得和睦了。

多年以后，在一次行业招商会上，小杰遇见了当年那位告密的上司。上司主动走上前来道歉，小杰却云淡风轻地说："我没有什么原谅不原谅的，因为每一个人做过的事都会产生蝴蝶效应，大家等着看结果就行了。"

3

现在，职场上的主力军基本为80后、90后，他们从小几乎没受过什么委屈。这不是一件好事，因为一个人心胸的大小是要靠很多事情来磨炼的。

试想，一个人如果没摔过跟头，不知道个中滋味，而有一天一下子摔倒在地，狗吃屎似的受了委屈，他岂不要哭天喊地。

人生在世，注定要受许多委屈。面对委屈，我们要学会坦然待之，学会一笑置之，学会转化势能，只有这样，才能在隐忍、宽容中成长。反过来说，如果你还没有成功，只能说明一点：你委屈得还不够。

所以，我们要感谢正在经受的委屈。

一个能够承受委屈和苦难的人，必将拥有博大的胸怀。在生活中，我们常常能见到某些人因为一些鸡毛蒜皮的小事与朋友或同事斤斤计较，他们从不会让自己受一点委屈——如果受了委屈就会耿耿于怀，念念不忘。

这样的人是很难成就大事的，因为他们心里装的都是些琐碎的小事，他们习惯于"因小失大"，因此不会做出大的成就。

于人生而言，胸怀决定境界，境界决定格局，格局决定高度。

胸怀，摒弃的是毫无意义的狭隘、偏激、小气和你争我斗；胸怀，得来的是宽广、博大、畅快和融洽、良好的人际关系。

一个人拥有多大的胸怀，决定了他能做多大的事情。但是，宽广的胸怀不是先天就有的，也不是在一个早上就能

够得来的。它是知识、智慧、人格、品德、情操相结合的产物，是生活给予的一种良性循环，需要陶冶、磨砺、滋润和追求。

愿你努力半生，归来不忘初心

1

我看过一部微电影，觉得它拍得很好。其中有一个画面是，一辆火车正在驶向远方，台词是："人生不在乎目的地，在乎的是沿途的风景和看风景的心情。"

人的一生说长不长，说短也不短，这取决于个人的态度。

一个人在奋斗后最终成功了，幸福快乐地生活着，那么，他就会觉得人生太短了。而被苦难所支配的人，对他来说，人生太过漫长。

人生真的是这样，不要在乎结果，过程才重要——把过程过得精彩，结果自然会是你想要的。

2

有一次，我去浙江横店影视城采访，门外那成千上万的群众演员让我感到震惊。在大部分人都做着一夜成名的明星梦时，有一名 19 岁的群众演员王宁格外让我印象深刻。

王宁来自四川，他上小学时父母就离婚了，所以打小跟着爷爷奶奶一起生活，学习成绩不怎么样，还好他不是那种内心封闭的孩子。

初中毕业后，一个偶然的机会，王宁来到浙江横店影视城，在一家理发店里帮工。后来，有一位制片人来店里理发，正好剧组缺个群演，制片人就与王宁简单地聊了几句，决定让他去演。

整天看别人演戏，这次轮到自己演了，王宁很兴奋。可令他没想到的是，人生中的第一场戏他拍得印象特别深刻。那是一场战争戏，作为战死的士兵，仅仅是一个倒在泥坑里的动作就拍了 50 多遍，身上滚粘的泥巴都超过了他的体重。

虽然如此，王宁还是喜欢上了群众演员这个行当，尽管迄今没演过几场有台词、给正脸的戏，但他还是非常享受拍戏的过程。在没戏的日子里，他就认真站在旁边看那些以前只能在电视里见到的大咖演戏。

有一天，王宁在看了一位著名演员演的一部古装剧后，

说："我完全被震住了，从此开始痴迷其中，就连扫地时都在背台词——有些剧的台词我甚至能倒背如流。"

那一刻，王宁还说："我最大的感受是，虽然自己每天离舞台近在咫尺，事实上却远在千里之外。不过，我不气馁，我要为梦想拼一回。做群演的日子是很辛苦，每天要装死、装哭、装疯卖傻，有时候还要在三伏天里穿棉袄、在三九天里光膀子，但我喜欢这个行业。要不然会怎样呢？不做群演，也许现在我正在家里打猪草喂猪呢。"

那天临别时，王宁的眼神让人动容。

大腕儿终将老去，群众演员什么时候才能成为正式演员呢？也许前路茫茫，也许指日可待。

3

生活在当今社会，每个人都有压力，比如事业、婚姻家庭等负担，但这是你必须要承受的。所以，只有在苦难中不断地磨炼自己，战胜困难，把逆境变为顺境，这个社会才会为你铺路，你才能在其中占有一席之地。

一个人要想不被社会抛弃，就得像《西游记》里的唐僧师徒那样，不断地与困难做斗争——无论对手多么强大，无论遭遇多大的困难，他们都会全心全意地去面对。

人生许多的成败得失是难以预料的，最重要的莫过于过程，只要我们尽力去做自己的分内之事，求得一份付出之后的坦然和快乐，那就足够了。

面对人生，我们要多一点潇洒。努力不一定会成功，但想要成功，就一定要努力——只要努力过，即使没有成功，也不会后悔和遗憾了。

每一个人都要有梦想，然后为之去奋斗，但是要记住，不要纠结于成败得失。有时我们就是太注重结果了，还未开始行动就已患得患失，结果让自己身心俱疲。

尽情地享受吧，享受追求成功的过程；享受每天的生活；享受工作的忙碌；享受点滴的进步给你带来的快乐；享受你的付出给他人带来的快乐。

第 四 章
自律情商

　　倾尽全力而后觉得累，这是一种积极的表现，也是对自己的一个圆满交代。年华未停驿，且行且珍惜。换一种姿态去生活，向着心中的目标前行。

利益只是生活的一小部分

1

人为什么要读书？一是为了考上大学，将来好就业；二是为了提升自我，以便受到尊重和认可。

人为什么要交友？因为有了朋友，大家能互相帮衬。

人为什么要讲义气？因为它能够给我们带来更多的利益。人人都是在为自己的利益讲义气，甚至那些为了义气而牺牲生命的人，其实也是在讲利益——这种利益的效果就是别人对他们的肯定。

古话说得好："天下熙熙，皆为利来；天下攘攘，皆为利往。"那么，利益究竟有哪些呢？无非是：个人利益、国家利益，长远利益、眼前利益，既得利益、未得利益。

世上各种利益混在一起，相互纠缠着，但正是人们对利益的追求推动了这个社会的有序运转。

你的领导提拔你，是因为你能给他带来利益；你的下属服从你，是因为你能给他带来利益；你的朋友、同事关照你，

是因为你能给他带来利益。

别人给你的，你可以不要，但是别人要的，你必须给。似乎所有人都在不知疲倦地追求着各种利益，以此来控制他人，或者驱动自己。

但是，对利益的追求使人们只愿关注外在，而不注重实质。试想，一个社会如果过分热衷于经济发展，最终可能会丧失掉社会存在的根基和意义；一个人如果过分沉迷于对金钱等物质的追求，可能会导致道德的沦丧和人性的泯灭。

我们特别愿意获取能用来消遣的物质，但很少有谁真正去了解幸福到底是什么。虽然"消遣"的确能令人短暂地远离郁闷和压抑，但它离幸福会越来越远。

所以，"消遣"使得人们失去了领悟和体验幸福的能力。而从没有真正领悟和体验过幸福的人，他们的生活就只有消遣了，并且会自以为那就是幸福，就是生活的意义。

但是，人类文明毕竟还有一些令我们肃然起敬的事物，还有能带给我们启发的希望之光。所以，一个人活在世上，还有很多远比利益更重要的事情要去做。

2

韩辉是一家网商平台的技术骨干，由于公司发展方向的改变和自己出于职业生涯规划的考虑，他准备换一份工作。

　　凭借多年来自己在行业中的影响力和自信，韩辉决定南下，去一家主营即时通信软件的 IT 公司应聘。

　　负责面试的是该公司技术部门的副总经理，但韩辉不知道的是，这位副总对自己的资历和能力非常认可，甚至在很早以前就派猎头挖过自己，只是没有成功。

　　这次，韩辉能主动前来应聘，这位副总自然喜出望外，于是给他许诺了很多，包括薪资、户口、公司股票以及解决配偶工作、子女教育问题等优厚条件。

　　但是，就在双方要签合同的时候，这位副总装作不经意地提了一个让韩辉很失望的问题："听说你原来所在的公司正在研究一种有关网商平台支付的新软件，据我所知，当初你也参与了这项技术的研发，如果你能把相关研究的进展情况和现有成果分享给我们，那就太好了。说实话，你也知道这对我们公司意味着什么。"

　　尽管韩辉对这家公司开出的条件很满意，但他考虑再三，还是决定放弃。

　　当时，他借口去外面抽了支烟，然后考虑了良久，回来后对那位副总说："对不起，我不能答应你的要求。尽管我很敬佩贵公司在业界打拼得到的地位，也对公司开出的条件很满意，但我有责任忠诚于原来的公司。尽管我离开了前东家，但任何时候我都不会做有损于它的事情，我不会违背自

己一贯的做人原则。你知道的，人生在世，信守忠诚比获得一份工作重要得多了。"

晚上，韩辉跟几个朋友一起吃饭时谈起了白天面试的事情，有人替他感到惋惜不已，不过也有人支持他做得对。

就在此时，韩辉的手机响了，没想到来电的正是白天面试他的那位副总："韩辉先生，恭喜你！经过公司一致研究决定，你被录取了，现在，我诚挚地邀请你来做我的助手。我们看重的不仅仅是你的能力，更是在利益面前你能够守住做人的准则。我们有理由相信，在个人利益与公司利益发生冲突，比如有他人以金钱引诱你出卖商业机密时，你能做出正确的选择。"

应聘面试时，面对一份满意的工作和诱人的附加条件，韩辉并未因个人利益而出卖原公司的机密和放弃自己的做人原则。正因如此，他才赢得了那位副总的认可和尊重。

人生最珍贵的并不是眼前的利益，还有比眼前利益更为珍贵的东西。所以，我们要始终保持自身的高贵品质，比如忠诚，千万不要因为眼前利益而失去它们。

3

世间有两种价值：一种是功利的价值，一种是非功利的价值。

功利的价值，是指金钱、地位、名誉等外在的事物。非功利的价值，是指真理、美德、道义、公平、正义等道德准则。

有关利益，至少要包括三部分：如何通过智慧和努力获得金钱等利益；在获得利益的过程中，需要注意的行为边界和禁忌；得到的利益，要如何分配和使用才会给他人带来健康和幸福。

但是，关于利益，人们一般仅限于关注怎样得到它，而对后两个问题从不涉及。所以，这个时代的人常常会表现出令人"叹为观止"的短视。

有一句话这样说："凡是用钱能解决的问题都不是大问题。"有钱的人如此说固然是一种底气，没钱的人如此说则能生出勇气和希望。因为，利益造成的影响必然能用新的利益去化解。

非功利的价值才是更深刻的价值，它是人之为人的标志，是人生意义之所在。

一个人穷困潦倒，他固然是个可怜人，但比穷困潦倒更可怜的，是他不懂得非功利的价值。这样的人永远不懂灵魂为何物，永远得不到生活的幸福，也永远建立不起幸福的家庭。

拜金主义和机会主义使一部分人误以为万事万物皆能买

卖，殊不知，有的事物真不能出卖，比如良知、爱心和诚信等。因为，衡量一个社会在多大程度上值得人们留念并生存下去的不是利益，而恰恰是利益之外的事物。

有一天，当人们能够静下心来想一想利益之外还剩下什么时，那便是希望的开始。

上台下台不过几个台阶

1

古代的戏台上常挂着对联，而且多是警世之言，俗中见雅，颇含深意。其中，光是"上台终有下台时"这一句我就见过不少的版本。比如，有这样一副流传甚广的对联："凡事莫当前，看戏何如听戏好；为人须顾后，上台终有下台时。"

从表面上看，上联是规劝观众不必蜂拥而至，相互拥挤；下联是说演员不必出尽风头，而要给后面的角色留有余地。但你仔细揣摩，这似乎是对当权者的当头棒喝：休得趾高气扬，横行无忌，否则，下台之日，看百姓怎么收拾你们。

"人生如戏，戏如人生。"这话说得真好。在人的一生中，不管你扮演什么角色，都有上台下台的时候。

在你上台前，舞台是空的；下台后，舞台还是空的。上台下台，不过几个台阶的距离。数十寒暑，时光匆匆而过，多少人的一生就在这几个台阶之间来来回回地度过了，从青丝变白发，直到弯了腰、驼了背。

2

刘青即将大学毕业，一想到马上要参加工作了，他的心里就充满了恐惧。因为，他早就听说社会中人际关系复杂，竞争激烈。

"真不想工作，我还没做好心理准备呢。"谈起要离开校园进入社会时，刘青有点无所适从。而且，离校的日子越近，他的烦躁感就越强烈。

所幸，他最终还是顺利地找到了一份合适的工作。但是，上班的第一天他就出了一次不大不小的事。当时，他迟到了，正好被脾气火暴的主管撞见。主管也不管他是新人，更不会顾及周围还有那么多的同事，在公司的早会上就劈头盖脸地一通批评。

刘青忍不住回了一句："都怪我妈昨晚没有为我定好闹钟，今天早上又没有叫醒我。"

听了这句辩白，主管反而转怒为笑。其实，近两年来，公司已经招了足够多的 90 后，这群大孩子的普遍特征是：成绩单、履历表足够出色，生活能力和工作经验十分不足。

刘青的经历并不是个案，他们这群被父母精致"饲养"大的人已经习惯了躲在温暖舒适的窝里当"鸵鸟"，一旦走出熟悉的环境，就很难及时转变自己的身份。说得直白点，虽然大学毕业了，但是他们仍然摆脱不了学生思维，再加上生活自理能力不足和凡事喜欢听家长的意见，这才导致了他们今天的局面。

人的一生要经历多次角色的转换，尤其是从"校园人"到"职场人"的转变，而其中最根本的变化就是社会权利和义务的变化。对自己的社会角色认识得越清晰、越全面，就越能顺利地完成角色的目标与任务，越能符合社会的期望。

一个人只有符合社会的期望，他才会受到社会的接纳和欢迎——没有哪家公司愿意等你试错，在实操中学习，再成长，因为工作职位需要的永远是能独当一面的人。因此，年轻人能否成功地转换角色，直接影响着事业的成败，甚至整个职业生涯的发展。

3

著名作家当年明月说："每一个人，他的飞黄腾达和他的没落，对他本人而言，是几十年，而对我而言，只有几页，前一页他很牛，后一页就屎了。王朝也是如此。"

人生是否精彩，关键在于担当的角色和演戏的过程。我们没法完全决定故事的情节，但要努力扮演好自己的角色。有的人把一生演成了喜剧，有的人则演成了悲剧，但多数人的一生是悲喜交加的正剧。

有上台就有下台，这是自然规律。著名豫剧表演艺术家常香玉先生常说"戏比天大"，而会演戏的演员往往在举手投足间都能够做到收放自如，这既是功底，也是需要。

在台上，有时你会赢得万千掌声，有时也会收到嘘声。但既然上台了，那就要为全场观众负责，尽量带给他们欢笑。

人生就是在上台下台之中度过的，能上能下，日子才能安然。上台要投入，投入须忘我。下台要从容，从容须冷静。而能否处理好下台时的表现，特别是下台初期的表现，是一个人功夫到没到家的重要标志。

所以，我们要学会调整心态，进行自我宽慰。"谁人背后无人说？哪个人前不说人？"在自己处于边缘化状态时，要能做到宠辱不惊，不与小人一般见识。

4

台上台下，不过两个位置。上台下台，不过几个台阶。所以，我们大可不必上台就高兴，下台就悲伤。

人生就像一个舞台，从上台到下台而已。正所谓："休得争强来斗胜，百千浑是戏文场；顷刻一声锣鼓歇，不知何处是家乡？"

人生中的鞭炮声、掌声、锣鼓声，都是上台下台的点缀，都在诉说着其中的无常，假如这些声音顷刻间都消失了，人生的舞台又会在哪里呢？

历史的舞台上没有永远的演员，也没有永远的观众。台上台下，生旦净末丑，角色不时变化着；戏里戏外，演员、观众的身份常常转换着。所以，我们要把目光放远一点，把成败看淡一点。

这种进退自如的状态是一种淡然的心情，一种欣然的风度；一种坦然的情怀，一种超然的境界。

累，才是生活最美的滋味

1

你感觉累吗？

累就对了，舒服是留给别人的，就像某本畅销书说的那样：别在吃苦的年纪选择安逸。

2

受周末后遗症的影响，星期一变成了疲惫的一天。我忙了很长时间，连午饭都没有吃，还是没有谈成一笔生意。

下午一点半，有个客户在 QQ 上问我产品的具体情况。客户话不怎么多，后来，因为货源的问题，我们结束了话题。

不管最后我们能不能谈成合作，但我很想跟他成为朋友。因为，说了再见后，在就要关闭对话窗口的时候，我看到了客户那很让人感同身受的 QQ 签名："累吗？累就对了，舒服是留给懒人的。"

我不知道这句话有什么魔力，也不能具体说出这句话给

我带来了什么震撼，但我知道这句话在我的思想里埋下了一颗种子，至于这颗种子未来会长成什么，我不知道。

人活着是很累，但你是最累的那个人吗？今天你抱怨了吗？天下有着数十亿众生，你是其中最苦恼的那一个吗？你是其中最悲哀的、最不幸的那一个吗？

不，没有悲哀的、不幸的人，只有不努力的人。那么，当你沐浴在温馨的阳光下，呼吸着新鲜的空气，搂着女朋友嬉笑的时候，你还有资格抱怨吗？

3

家人，同学，好友，网友，每个人无不在感慨：好累。

不管是在机关单位工作的，还是在企业上班的，要么是为机关单位工作的单调重复而心累，要么是为企业的利润最大化从而达到个人收入的最大化而心力交瘁，甚至家庭主妇也在为烦琐的小事叫苦。

为生存四处奔波而累；为提高生活高质量拼搏而累；为提高工作业绩拿奖金而累；为眼疾手快讨领导喜欢而累；为迅速摆脱"房奴"而累！

累是人生中始终绕不开的话题，也是丰富多彩的生活的一种常态。

从呀呀学语到蹒跚学步，当时处于蒙昧状态下幼小的我们并不知道什么是累。但是，我们常常会被大人嬉戏得晕头转向，满头大汗——这种体力上的累，我们能体会到。

后来，我们上学，毕业，工作。为了考入好学校，找到好工作，以便早日过上幸福美满的生活，实现远大的理想，这一系列重压给我们带来的是超负荷的脑力与体力双重的累。

人虽然是一种高级动物，但是站久了、坐久了、躺久了，都会感到累。而我们不得不劳动和活动，劳动和活动久了、过度了，又会透支体力，或许最终还会导致事倍功半。

所以，人怎么着都是累，但过度的清闲其实更累——心累。

4

累不是一种无能，而是一种担当。身累也好，心累也罢，适度的累会让我们感到充实，活得坦然。

其实，我们喊累，更多的是一种释放，一种即将投入下一个挑战前的放松。而面对社会的棱角和生活的磨难，我们更会发自内心地呐喊：让暴风雨来得更猛烈些吧！

正因为不轻松，正因为劳累，所以我们要干得有声有色，干出成绩。这样，累的效果方显得与众不同，才会令人刮目相看，谱写出华丽的人生篇章。

纵然累是生活的常态，但也要有目标，有规划，有策略；纵然累是生活的常态，也要累得其所，累得有效果，而非盲目地随波逐流。这样，我们在收获的同时也就会忘记累的滋味。

有人说，知道痛苦就证明你还活着。那么，知道累了，应该也是因为你正在体会另一种活着的姿态。

这就像一首歌唱的那样："要我用谁的心去体会，真真切切地感受周围，就算痛苦就算是泪，也是属于我的伤悲。我还能用谁的心去体会，真真切切地感受周围，就算疲倦就算是累，也只能执迷不悔。"

倾尽全力而后觉得累，这是一种积极的表现，也是对自己的一个圆满交代。年华未停驿，且行且珍惜。换一种姿态去生活，向着心中的目标前行。

你不诚信待我，我如何真心对你

1

在小品《梦幻家园》里，购房者和售楼小姐之间有这样的一番对话：

购房者：我买房子的时候你们说，这院子里有 100 多棵参天大树，在哪儿啊？

售楼小姐：在院子里呢。

购房者：就那么几棵小树苗啊，这不仔细看，还以为种了一排葱呢。

售楼小姐：您别着急啊，100 年以后，它们就长成参天大葱了。

购房者：还有啊，你们的广告上宣传小区的天空中飞着天鹅，池塘里游着鱼，鱼呢？

售楼小姐：被天鹅吃了。

购房者：不是，那天鹅呢？

售楼小姐：吃饱了，飞了。

购房者：嘿！怎么全让我给碰上了？

售楼小姐：巧了。

购房者：啊，对了，还有这个，你们宣传广告上面写着买房子送家具，你们送了吗？

售楼小姐：您没买我们怎么送啊？

购房者：不是，你们怎么个送法啊？

售楼小姐：就是您在家具店买了，我们给您送家去。

购房者：这么个送法啊！你们这是欺骗。

售楼小姐：为什么呢？

购房者：你知道，我们顾客就是上帝。

售楼小姐：上帝，您好。

商家是最要讲诚信的，然而为了利益，有些商家的诚信"折扣"之低，一如自己广告牌上标注的那样，看上去会让你蠢蠢欲动，扑上去就会坑你个昏天暗地。

有的商家打着"打折"的幌子，实质是通过先抬高原价再打折的方式欺骗顾客。有的商家甚至会以特价为诱饵，将积压商品甚至劣质商品兜售给顾客。

总之，种种花招、骗术让人防不胜防。

从小时候起，父母和老师就告诫我们做人要诚实，但是有些人在生活中丢弃了"诚实"这一忠厚的朋友。

2

毕业后，黄磊应聘到广州一家大型文化策划公司工作，跟着先于他一年进公司的老吴跑业务。其实，老吴不过比黄磊大一岁，但是因为他头发掉得厉害，有秃顶的征兆，大家便戏称他为"老吴"。

黄磊跟着老吴做的第一个单子，是向国内外的电影公司推广一部国产电影。刚接到这个任务时，黄磊的心里敲起了鼓，因为自己在大学里主修的是与之风马牛不相及的古代

文学。此外，作为一个外行，黄磊跟着一个入行仅一年的
"半瓶醋"，两个人都显得有点力不从心。奈何军令如山，
他们只好硬着头皮去做了。

在一次大型的电影论坛上，两人听说欧洲某知名发行商
要到上海参加论坛，并放风出来，说很有可能买几部国产电
影作为中欧文化交流的成果带回去。

机不可失，两人马不停蹄地赶到了发行商下榻的酒店，
敲开了发行商所在客房的门。

头发银白的发行商看起来很不高兴，因为他不喜欢在自
己喝咖啡的时候被人打扰。就这样，两人只好在一旁等着发
行商一口一口地将咖啡喝光。当时，看到桌子上已经堆积成
山的电影胶片和资料，两人感到一阵心虚。但是，既然来
都来了，只好鼓起勇气向前冲。

还是老吴会办事，他放下心理包袱，死马当活马医，用
精彩的讲述打动了发行商，对方同意把片子留下来。然后，
两人忐忑地离开了。

等待总是漫长的，尽管希望渺茫，但聊胜于无。

当晚，老吴接到公司的电话，说有重要的事要处理必须
回总部，所以黄磊单独留在了上海。几天后，没想到发行商
打电话约了黄磊在酒店见面。

发行商详细询问了片子的内容、成本、管理费用等一系

列问题。黄磊第一次单枪匹马上阵，心里难免紧张，而且老吴走得匆忙，也没来得及跟他交代什么，所以他便照实说了。

发行商一边听，一边频频点头。

三天后，黄磊接到了发行商同意购买片源并邀请前去签约的电话。等到双方公司签约仪式完成后，老吴才向黄磊透露了秘密。

原来，行程紧张的发行商根本没有时间去看那些电影胶片和资料，于是他想了一个巧妙的办法：针对前来推销的每组人员，分开询问他们相同的问题。结果，其中有很多人因为事先没有协商好，在回答问题时出现了分歧，最终坏了事。

黄磊和老吴因为准备得不充分，而事后又分开了，所以他们都害怕彼此"对不上账"产生分歧，只好讲了实话。但是，恰恰是这些实话让他们歪打正着成了最后的赢家。

3

商场如战场，各种策略、花招防不胜防，有时候你费尽心思谋划和准备了一切，到最后竟抵不过几句大实话。这大概便是诚信和诚实的价值。

"曾经有人问我，为什么我能将事业做大呢？无他，一字而已——信。"李嘉诚是这样说的，也是这样做的。无论是对家人、朋友还是商场上的对手，他都以超越常人的人格守住了诚信这一底线，从而也让自己成为商场上一块响当当的金字招牌。

留住真诚，我们便留住了做人的分量；留住真诚，我们便有了前进的依托；留住真诚，我们便有了心灵的共鸣。

留些真诚给自己取暖吧！

宽容是种超能量

1

处处宽容别人，这绝不是软弱，也绝不是面对现实的无可奈何。在短暂的生命中，学会了宽容就意味着将从中受益。

宽容，是一种人生的哲学。

2

王亮在一家大型纺织集团工作。不久前，公司人事部经理许辉离职，走时他向公司推荐了业务能力突出、人际关系

良好的王亮，但最终的结果是，张明升职了。

对此，王亮不以为意，但公司里的其他员工不干了。他们纷纷为王亮鸣不平，毕竟无论从工作能力还是资历甚至学历上来讲，张明跟王亮差了一个档次。

但是，大度的王亮在工作上仍然一如既往地认真和负责，在交往中也经常说张明的好话。

张明深知自己为了得到这个职位使用了一些不太高明的小手段，所以心里也觉得愧对王亮。再说了，王亮不仅不去争，反而在工作中处处维护他，这让张明深受感动。

第二年，单位进行薪资评比，王亮凭借自己的工作表现得到了最大幅度的提升。当然，这与人事部经理张明的大力举荐不无关系。

身在职场的人面临着巨大的工作压力，本身就很容易郁闷、暴躁、猜忌，如果在工作中遭到了不公平的对待，这往往会成为压死骆驼的最后一根稻草，让人瞬间爆发甚至崩溃。

王亮的做法很值得我们学习，概括起来就是：与其花费时间去贬低对手，抬高自己，不如冷静下来想想如何把工作做得更好，如何建立更为和谐的人际关系，如何谋求更高、更长远的发展。

相反，如果王亮在这件事上没有把个人恩怨放在一边，不遵守游戏规则，做得不得体，老板和员工也会看在眼里，记在心里。那样，当裁员的号角吹响时，王亮很有可能被淘汰出局。

3

在职场中，面对过失，一个淡淡的微笑、一句轻轻的歉语，常常能带来包涵、谅解。这就是宽容。

在人的一生中，常常会因为一件小事、一句无意的话被人误会，但请不要苛求任何人，而要做到以责人之心责己，恕己之心恕人。这也是宽容。

芸芸众生各有所长，也各有所短。所以，我们要宽容地对待自己，心平气和地工作、生活，不断地充实自己，在机遇到来之时紧紧抓住它，就不会有失之交臂的遗憾。这种淡然处之的心情，也是一种宽容。

人的心有多大，舞台就有多大。雨果说过的这句话真是精彩："世界上最宽广的是海洋，比海洋更宽广的是天空，比天空更宽广的是人的胸怀。"

只看到饭碗的人，是找不到舞台的

1

只有经历过贫穷和苦难的人，才知道"饭碗"这两个字意味着什么。

在大学时代，来自北方的阿凡和来自南方的阿潮都是中文系的才子，毕业前夕，两个人坐在一起聊天。

阿凡说自己最苦闷的事情，是家人一直催他回老家去考公务员。谁知阿潮也被同样的苦闷困惑着，家人催他回家工作的电话一个接着一个。在学校里，阿潮的一支笔那可是大名鼎鼎，他如今的女朋友就是被这杆笔"骗"到手的。

阿凡说："我想了好久，还是决定回去，毕竟我是家里的长子，责任重大。"

毕业后，两人在各自的路上渐行渐远，彼此也少有什么交集。但让人唏嘘的是，在毕业10年后的一次聚会上，大家发现他们两人的处境竟是天壤之别。

阿凡回到老家后，连着考了3年才考进市里的日报社做编辑。起初，他确实风光了几年，每天坐在办公室里除了看稿，就是喝茶看报，兴致来了写几篇豆腐块文章，也能引起周围的人一阵夸赞。

但随着纸媒的衰落，曾经写惯了妙语金句的阿凡被抽调到了广告部。每天，他求爷爷告奶奶地为报社拉赞助，拉到赞助工资就会高些，拉不到赞助就只能艰难度日。

后来，随着网站、微博、公众号等网络新媒体的兴起，报社不得不改制，实行市场化运作。就这样，上有老下有小的阿凡面临着被边缘化的趋势，为此他焦虑得掉了不少头发。

阿潮则不同。毕业后，他果断地去了一家成立不久的网媒公司，公司里连老板带员工总共不到10个人。刚开始条件的确艰苦，阿潮肩负选题策划、文案制作、网文发布的重任，而且要日更好几篇新闻稿。

这样过了好几年，随着网络访客慢慢多起来，渐渐地，有广告商找上门来。这样，公司的日子终于好过了。

就在公司的状况好转起来后，阿潮选择了辞职创业。他开始专心做起公众号，专门针对80后家长群体开展家庭教育问题，为他们开直播讲座，团购各种专业书籍，忙得不亦乐乎。后来，他越做越大，成了名副其实的小老板。

2

前几年有一种说法，说工作态度可以分为三种：一种是把工作当成事业，一种是把工作当成职业，一种是把工作当成副业。

副业、职业、事业，虽是一字之差，结果却相去甚远。这说明，完全不同的职业操守和人生态度造就的是不同的人生轨迹。

态度反映境界，态度决定状态。这三种不同的工作态度，反映了人们不同的事业观，折射出人们高低分明的思想境界和精神状态。

把工作当成副业是最消极的工作态度，是应付差事——身在曹营心在汉，工作仅仅是一个幌子，这样的态度实在说不过去。工作是饭碗，是安身立命之本，兢兢业业尚且不够，更何况玩忽职守了。

无论是工作不如意，还是因为有权而无法无天，对待事业慵懒、敷衍了事，不作为或乱作为的人，结果只会害人害己。

持职业观的也大有人在，所谓"做一天和尚撞一天钟"，对他们来说，工作只是一种养家糊口的手段。既然干活是冲着饭碗来的，他们就难免比较功利：有钱就干，没钱不干；

钱多就多干，钱少就少干；只求"过得去"，不求"过得硬"；只求"无过"，不求"有功"。

斤斤计较个人的利益得失，满足于不出错、不出局，工作上将难有大起色、大作为。一旦发现有待遇更好、收入更高的工作，他们便会毫不犹豫地选择跳槽，对原先从事了几十年的工作一点也不会留恋。

还有一种人，他们把工作作为事业来做，不为钱、不为名，而是出于一种非功利的信念和理想。一旦有了这种事业心，干工作就有了强大的力量，就有了一往无前的勇气。

从事"职业"，你可能会失业；从事"事业"，他人却无法替代你。

3

大量正反两方面的事实告诉我们：大凡有大作为者，都视工作为事业，甚至视工作为生命，他们的人生也因事业有成而精彩纷呈，富有意义和价值。而大凡平淡无为者，多因只为工作而工作，结果工作完了，人生也就到头了，退休便褪了色，退位便失了志。

至于那些把工作当副业的，不但会因为"不务正业"而砸了饭碗，而且常常会因为一己私利而误入歧途。

"取法乎上，仅得其中；取法乎中，斯风下矣。"那

么，人为什么要工作呢？

从某种意义上讲，工作当然是一种谋生手段，但更应该是有志者实现人生价值和理想的舞台。一个人的时间是有限的，但如果把有限的时间投入到无限的事业中去，这样的工作会意义深远，这样的人生会价值非凡。

把工作当事业，就是对工作始终保持热情，充满感情，怀有激情，始终树立昂扬向上的精神风貌，让工作成为自己割舍不下的一份牵挂，让事业成为人生风景中最绚丽多彩的部分。

你不勇敢，谁替你坚强

1

有一次，我和一位女同事一起去外地参加会议，会议的议题是"人性中的脆弱与勇敢"。会议的间歇，女同事忽然对我说："王老师，我想告诉你一个秘密。"

"哦？"我表示饶有兴趣。

"我对这座城市怀着一种特别复杂的感情，我的初恋男友就在这里，想想都过去 5 年了。你说，他要再次看到我，会不会很惊讶？"

"肯定会啊。你想想，现在的你改变了很多。"

"那这个改变是好的吗？"

"肯定啊，变得那么漂亮了。"

"那你说他会后悔吗？"

"会。他会后悔当初放弃了你。"

"呵呵，是吗？我也这样认为。"

第二天，戏剧性的一幕发生了。

晚上，我们在一家火锅店吃饭时，女同事与他的初恋男友相遇了。但是，当时他们除了客套几句话之外，彼此再无交流，甚至连看都没有多看对方几眼。

回到酒店后，女同事向我倾诉："这个世界真的很小，也可以说上天真的很爱跟我们开玩笑。之前我在心里无数次想过我们可能相遇的情景，并且自以为肯定会心痛，会逃跑，可一切却是那么平静！我是心虚了，还是解脱了？"

我宽慰并鼓励她说："我们都害怕黑暗，其实，我们比自己想象中勇敢。在每一段感情中，我们并不是都会在对的时间遇见对的人，勇敢一点，你才能寻到一个属于自己的 Mr.Right。"

人类最难战胜的恐惧，除了死亡，恐怕就是感情了。

2

会议结束时，主持人让与会人员发言，要求谈一谈对"勇敢"的理解。

甲说，勇敢是一种本能的迸发与冲动。

乙说，勇敢是捍卫人格尊严的一个支点。

丙说，勇敢是通过智慧努力拯救自己，也拯救别人。

听着大家的发言，我和同事相视一笑。

勇敢是什么，不同的人有不同的理解。对于商人来说，它是一种忠诚于时机的等待；对于受苦者来说，它是一种能吃苦的精神；对于思想家来说，它又是一种理性的选择……

3

几天前，网络上铺天盖地地对《百万富翁大学生9门课不及格》的报道让我对故事的主人公产生了极大的兴趣。

这位商场上的冠军、学业上的败将，就是某大学的大四学生H。一时间，他成了众多网友热议的对象。

上大二时，功课比较多，但是，H逃课去做生意。大家都觉得他疯了，几乎没人支持他——大家认为，为了赚钱而荒废学业是不值得的。而到了大四，为找工作头疼的同学们都抱着赞赏的态度羡慕起H来了。

现在，H 的公司已经发展壮大了。

4

工作的时候，我们总是抱怨不如意，但又不肯真的辞职去创业。我们总是一边抱怨，一边观望，想着一定要稳当，谋定而后动，结果谋了一辈子还是在原地踏步。

我想起了高中时的同桌。读高三的时候，我们俩坐在教室后面的角落里，上英语课的时候我们都不认真听课，为什么呢？我是因为英语太好，老师讲的全懂；同桌是因为英语太差，完全听不懂。

那么，同桌在做什么呢？他不知从哪里找来了一本初中的英语语法书，开始自学起了基础知识，遇到不懂的地方还会问我。后来，当我听说他考上大学的时候还是吃了一惊。

原来，成事与否，与人的性格是分不开的。因为，在当时的情况下，没有人会照顾到他这样一个差生。所以，他找来教材自学，这难道不是一种勇敢吗？

你看，勇敢的人有什么理由不成功呢？

勇敢些吧！勇敢去做，勇敢去学，勇敢去爱，勇敢去宽恕……

在人生的旅途中，即使突来的风暴挡住了我们远行的孤舟，也挡不住我们追梦的脚步。即使岁月匆匆，我们始终勇

敢地迈着自己的脚步。

也许，现在我们面对生活的压力时会表现出无奈，但多年以后，当我们老了，回望过去所经历的那些不为人知的苦难，就没有理由再退缩了。未来是美好的，但需要我们勇敢地去面对。

我们也要跟过去说一声"再见"，对未来说一声"你好"，然后微微一笑，勇往直前！

稀缺的，永远是最珍贵的

1

有篇童话叫《地球上还剩一个鸡蛋》，大意如下：

整个鸡家族不甘心自己在地球上任人宰割、供人食用的地位，所以，有一天鸡王下令让全城的母鸡停止下蛋。这样一来，就没有小鸡诞生了。可是，鸡王刚下完命令时，一只母鸡没有控制住自己，下了世界上唯一的一个鸡蛋。

人类被吓住了。于是，他们把延续鸡生命的希望寄托在了那只下蛋的母鸡身上，给它最好的食物，为它建豪宅，还让它上报纸、上电视，给它拍电影。

接着，某天又有一只母鸡公然抗命，下了一个蛋。它立刻成为全球新闻报道的焦点，而它的待遇立即超过了之前的那只"鸡皇后"。

至此，鸡家族大受震动。于是，第三个、第四个乃至无数个鸡蛋生下来了，世界又恢复到原来的样子。

2

如果上面的故事还没有显现出"稀缺法则"的价值，那么，下面这个真实发生的案例或许能说明问题。

在去上班的路上，我看到一家房地产商为新开发的楼盘制作的广告语："太稀缺，太纯粹。"在阳光美景、亭台水榭的画布上，这几个水墨大字直击路人的心。

要想在激烈的市场竞争中取得胜利，产品永远是第一位的。据我所知，这个商家为了把稀缺和纯粹做到位，在营销过程中会紧把市场脉搏，准确传达信息，力求简单到位。

所谓"天地有大，美而不言"，简单直白的广告语能清晰传达出这样一个事实：无论是地段之争、景观之争，还是品质之争，稀缺的永远是最珍贵的。在楼市普遍低迷的大背景下，这家房地产商的确算得上是稀缺法则的完美演绎者。

所谓稀缺法则，是指东西或机会越难得，它就越珍贵，

越令人兴奋。稀缺法则具有这么一种魔力，东西越稀少，价值就越高，人们就越想拥有它。机会只要出现了，人们就恨不得立刻采取行动去抓住它。

如今，无论是购物网站上看着艳美如画的服装，还是朋友圈里被宣传得神之又神的孩子教育类产品，如绘本、直播课，无不是由精通稀缺法则的策划人员精心推出来的。

3

稀缺法则之所以有效，在于它能让人感到，如果不立即行动就会失去机会。这种担心蒙受潜在损失的心理，会使人产生巨大的焦虑，并促使他人尽快做出决定并采取行动，哪怕他人对产品本身并不十分感兴趣。

然而，当货品稀缺，你不知道什么时候有货，甚至连价钱都不能确定的时候，稀缺法则的心理作用就开始生效了。为此，你会受到驱使，不由自主地想要获得某种东西，以减轻潜在的损失。

一般而言，得不到的东西总是比已经拥有的东西更具吸引力。想一想，走在大街上，那些"清仓处理，仅此一天""手快有，手慢无"的宣传语是不是有稀缺法则的影子？

要想制造稀缺性，下列因素不可或缺：

一、最后期限

在日常生活和工作中，我们都需要遵循"最后期限"，它会促使我们采取行动。如果事情目前还不急迫要处理，我们就不会采取行动，因为没有最后期限，则意味着没有行动的必要。例如，针对打折商品，许多人不到"迫切需要"，不会去买。

二、有限的空间、数量或机会

当人们害怕错失某个机会时，就会感到行动的紧迫性。想一想，购物者遇到清仓大甩卖时，他们必须要在货品被"抢光"之前去买，否则，过了这个村就没这个店了。

三、潜在的损失

对于不能随时获取的东西，人们总是会给予过高的估价，会让对方产生一种害怕产生损失同时又无法摆脱的强烈情绪。由于货品数量有限，对方变成了一个受情绪驱动的买家，你不用害怕他会跑。你越是拒绝他，他就越起劲。因为你拒绝了他得到某种东西的权利，所以他更会不遗余力地去争取。

四、受限的自由度

制造一个场景，让对方知道你提供给他的条件是有时限的，告诉他只有立即行动才能抓住机会。

这个方法很奏效，因为我们以前都曾经遇到过这种情

况。比如，有时候我们看到商品打折的信息而没有马上行动，等再来时发现已经错过了机会。

再如，走进家具店，你会在一些家具上看到"已售出"的标志。毫无疑问，这些标志会给你制造紧迫感，因此你会这样想："别人已经买到了好东西，我也不能错过。"

4

物以稀为贵，人也一样。不信，看看你的年薪是多少，再看看你是大众型还是稀缺型员工。影片《天下无贼》中的黎叔有句名言："21世纪什么最贵？人才！"

所以，只要把自己的定位搞准确，然后去努力奋斗，便会有脱颖而出的机会。

第 五 章

社交情商

寒来暑往，在经历了风风雨雨之后，曾经的那些绚烂都灰飞烟灭了，而这份信任、关心与欣赏不仅未变，反而更加笃定，这才堪称是真正的友谊！

称赞是每个人都喜欢的糖果

1

"与我们与生俱来的潜能比起来，我们只意识到了一半自己所具有的能力，我们也只使用了自己很少一部分的生理和心智的能力，还有很多能力被人们习惯性地忽略了。在这些被习惯性忽略了的能力里，有一种最有用的能力，那就是赞美别人，鼓励别人，激发人们潜能的能力。"这段话是美国著名心理学家和哲学家威廉·詹姆斯说的。

这让我想起了一个笑话：

某君是马屁精，连阎王都知道他的大名。他死后，阎王见到他，拍案大怒："我最恨你这种马屁精。"马屁精忙叩头回道："虽然世人都爱听别人拍自己的马屁，可是阎王爷您公正廉明，谁敢拍您的马屁！"阎王听了，点头说："对啊，谅你也不敢拍我的马屁。"

连阎王爷都爱听好话，可见，称赞是多么受用。

俗话说："良言一句三冬暖，恶语伤人六月寒。"可惜的是，很多人不习惯赞美别人，总是把对别人的赞美埋在心底，或者通过批评别人来"帮助对方成长"。其实，这个想法是错误的，因为赞美比批评带给别人的进步要大得多。

2

这年夏天的一个周末，天气闷热，李浩约了几个朋友去当地一家酒店吃饭。

当时，饭店里早已挤满了顾客，李浩和朋友坐着等了足足有10分钟，还没有服务员过来招呼他们。这让做东的李浩非常没面子，他不禁说道："真是的，都说顾客是上帝，这家饭店倒好，客人来了装作视而不见，要不然我们换家酒店吧。"

其中有位德高望重的老艺术家摆了摆手，说："哎，算了算了，今天是周末，人多，再等等吧。"

既然老人家都发话了，其他人自然不好再说什么。

又等了几分钟，这才匆匆忙忙地跑来一名服务生，说："不好意思，让大家久等了，您看看点什么菜？"说着，他把菜单递给了李浩。

李浩埋怨了几句，然后换了副表情，把菜单递到了老艺术家手里。老艺术家礼貌地谦让了一下，接过了菜单，他边看菜边对服务员说："那些在炉灶边做菜的厨师一定不好

受，能够在这样闷热的天气里还坚持站在炉灶旁边做菜，了不起啊！"

服务员听了后，眼泪差点掉下来，他说："来这里的客人，有的抱怨这里的食物味道一般，有的指责这里的服务不好，还有的说餐厅里闷热，反正都是大发牢骚。您是入夏以来第一个对我们表示同情和赞美的人。"

李浩听了，顿时感到不好意思了，然而，更让他不好意思的事情还在后头。当宴席进行到一半时，在刚才那名服务员的带领下，走进来一帮厨师，其中为首的那名胖厨师手里端着一道店里的特色菜要送给大家。

众人摆手谢绝，只听服务员对老艺术家说："您就收下吧。厨师听说了您对我们的理解之后，一致决定为您加这道菜。您放心，这是我们自愿的行为，只为感谢您对我们的理解。"

服务员的一席话说得真诚而不卑不亢，让人不忍拒绝这份美意。很多时候，人们想要的是作为一个人所应享有的被关注的感觉。

3

一个人如果内心里对别人不欣赏，总是喜欢挑别人的毛病，他就不会懂得赞美别人。但有的人心态非常阳光，他对别人充满了感恩，总是觉得别人为自己做的好事都值得学习——他特别愿意赞美别人，表达自己对别人的情感。

在家里，如果某天早晨你的丈夫偶然早起，为你准备好早餐，你不妨大大地赞美他一番，那今后他起床做早餐的频率将会提高。在公司里，如果某位职员完成工作的速度比你想象中要快，不妨表扬他一下，那今后他工作起来一定会更加卖力。

赞美是一种能力，需要学习；赞美是一种艺术，需要把握分寸；赞美是一种品格，需要真诚。

赞美不是谄媚，不能有附加条件，不能抱着功利性的目的，而是要表达出肯定、尊重、欣赏。当然，赞美也不只是夸奖，而是一个生命对另一个生命的回应，是对造物主的感恩。

不真诚的赞扬，言过其实的赞扬，会给人一种虚情假意的感觉，或者会被认为怀有某种不良企图，因此会降低赞扬者的水准。而被赞扬者不但不会感谢，反而会感到窘迫。

一个气球再漂亮、再鲜艳，吹得太小不好玩，吹得太大很容易爆炸——赞美就像吹气球，要以适度为佳。真诚的赞美是合乎时宜的，因为在合适的氛围里发出的赞美会让人的内心灿烂无比。

喜新厌旧的，都不是知心朋友

1

某一天，你偶然接到一个电话，号码是陌生的，声音却久违而熟悉，你是否会激动得"哑口无言"？然后，从你颤抖的声带传出来的可能只是多年的想念转化而来的一句："你还好吗？"

时过境迁，为了生活、为了工作，朋友间的距离渐渐地越拉越大，也不知道在哪一天就中断了联系。可是，岁月的流逝并不会把对故人的印象蒙上灰尘，昔日的画面依然在脑海中清晰地保存着，并没有褪色。

那些陪自己一起哭过和笑过的朋友，时不时地会在回忆的画板上出现。

常言道："物以类聚，人以群分。"社会是一个综合系统，一个人要想有进步、有发展，不能只靠自己一个人打天下，因为每个人都需要朋友的帮助，正所谓："一个篱笆三个桩，一个好汉三个帮。"

但现实是，在当今社会，"朋友"这个词越来越抽象，因为人们交友时似乎变得不真诚了。随着社会发展节奏的加快，人们的朋友圈子变化之快像电子产品的更新换代，一旦过时了、停产了，就会马上被淘汰。

"与其结新知，不如敦旧好。"在生活中，人们会不断通过老朋友认识新朋友。当有了新朋友时，出于各方面利益的考虑，或者说为了缩减人情成本获取更大的利益，有些人通常会撇开老朋友，单独与新朋友密切来往。

朋友多了路好走，结交新朋友并非不好，只是交友不能喜新厌旧，甚至过河拆桥。何况，轻易背弃朋友的人一定会为人们所不齿，有一天难免也会遭到别人的背弃。

2

张扬和林凯是一对过命的兄弟。

上学时，有一次河里涨水，他们偷着下河去玩。当时，张扬遇到了危险，他的一条大腿抽筋，只能靠单腿踩在一块刚好凸起的石头上。他身体前倾的力量和水流的冲击力刚好保持住了平衡，但只要稍微一失衡，他就有被河水冲走的危险。

就在这时，林凯猛地转回了岸边，折了一根粗树枝伸过去，张扬紧紧地拉住了树枝。旁边是肆意咆哮的河水，岸边

和水里站着他们两个少年。

林凯义无反顾地救张扬的那个瞬间，让张扬感动极了，他从心底里认定了这个过命的兄弟。高考时，林凯因为没有考上大学，只好在老家给物流公司开货车。而张扬大学毕业后，留在大城市的一家外企成了一名技术骨干。

后来，张扬所服务的合作公司要招聘一名司机，他觉得这对林凯是个机会，于是就介绍了林凯过去。林凯凭借着过硬的驾驶技术，最终留在了那家公司。

那时，下班后两人经常见面，一起喝酒撸串侃大山，日子过得不亦乐乎。但是，事情的转折点发生在林凯的老板知道了他和张扬的关系后。

老板找到林凯，明确提出，如果林凯能够套出张扬公司的技术机密，就许诺给他一大笔钱。一开始，林凯明确地予以拒绝。老板却不急，对林凯说："这个问题不着急，你先想想，考虑好了再告诉我。"

又过了些日子，林凯的母亲生病住院了，急需一大笔钱，此时老板再次提出了那个要求。林凯经过几天的思想斗争，转变了态度，进行了一番细致的谋划，终于从张扬那里套出了他们公司的技术机密。

张扬没想到，这位昔日的好兄弟变成了见利忘义的小人。

最终的结局是，张扬被公司记了大过，而林凯在老板给了他一笔钱后被扫地出门。更令人遗憾的是，这对生死兄弟最后成了比路人还要陌生的仇人。

3

从某种角度来讲，朋友也是一种"资源"，如果你抛开老朋友，单独与老朋友介绍给你的新朋友交往，其实是在廉价地窃取"资源"——别人多年培育起来的人际资源，竟然被你轻易地窃取了，实在是不地道。

所以，你千万不要像《熊瞎子掰玉米》故事中的那头狗熊那样，自以为掰了一捧玉米，收获多多，其实最终还是一无所获。

当一个朋友在把我介绍给他人认识的时候，说的那一句"这是我的朋友"常常会让我产生莫名的感动。能让别人承认自己是他的朋友，这是多么荣幸的一件事，我真的很感激把自己当朋友的每一个人，他们就像海风扬起了我自信的风帆。

"结识新朋友，不忘老朋友"，是的，朋友的真正价值就在于遇事能互相帮助，心情无论痛苦还是快乐彼此能共享。朋友是人生的财富，需要用心去积累。

而结交多年的老朋友，彼此已有深厚的情义，更值得珍

惜。古人说"故旧不遗"，就是"念旧"的意思——老朋友的交情始终要惦念。

李嘉诚也讲过，一个人去求生意比较难，而生意跑来找你就容易多了。那么，如何才能让生意来找你呢？这就要靠朋友。那如何结交朋友呢？这就要善待他人，充分考虑对方的利益，不能把目光仅仅局限在自己的利益上。

让利与得利，两者是相辅相成的。占小便宜的人，不但会失去老朋友，而且也不会结识到新朋友，因为一个人的品行不但会伤害其中的一个朋友，而且会伤害整个朋友圈子。

无论新友还是故交，学会珍惜吧！

我们既要与新朋友交往，也要经常与老朋友联系，长期坚持下去，新朋友也逐渐成为老朋友。朋友越来越多，我们的人脉大树就会越来越枝繁叶茂，我们的发展空间也会越来越广阔。

共享时代，我们和谁在一起

1

古人说得好："得人心者得天下。"要想得人心，就要忠实地实施利益分享的原则，主动大方地把好处让出去。

"利益分享"是当今时代一条重要的做人做事原则，所以，不要以为利益分享是会让自己吃亏的傻事，不要以为把好不容易赚来的钱分给别人，自己的收入就会骤然减少。

有些自作聪明的人喜欢独吞利益，他们只想让马跑而不想让马吃得饱。对于这样的人，别人，尤其是那些曾经帮过他们的人不会不知道。而对这种贪心不足的人，自然不会有多少人愿意为他们卖力。

事实证明，善于与人分享并不会让你失去什么，反而会让你得到更多。慷慨地与别人分享劳动所得，必然会让你获得更多的回报。

2

在过去的几年里，共享经济在飞速发展，一时间，似乎随便什么东西都能共享，比如，共享单车、共享汽车、共享雨伞、共享充电宝……本着与人方便、与己方便的原则，共享经济在帮助他人，在充分利用了社会资源的同时也成了资本追逐的宠儿。

3

马丽是一家时尚杂志社的摄影编辑，经常穿梭在各大时尚 party 和娱乐圈，但她经常会为穿什么衣服而发愁。

虽然马丽对穿衣搭配颇有研究，奈何许多衣服穿过一两次之后就再也不愿意穿了。而有时候，为了参加某个聚会或者论坛，马丽又不得不购买适合场合的时尚礼服。

当马丽与同事，或者与被采访拍摄的客户谈起这个问题时，没想到大家竟然都深有同感："对于品牌服装，买吧，一件名牌衣服代价不菲，况且一年穿不了几次；不买吧，真要参加重要场合的活动，总不能临时抱佛脚。"

慢慢地，经常骑共享单车外出的马丽开始琢磨着能不能效仿共享单车，用"互联网＋"的思维弄个类似的"共享衣橱"，让那些爱美的女性能以较低的价钱将大牌衣物租回家。

马丽的想法得到了同事和几个客户的大力支持，她们都表示愿意提供自己的衣服作为前期开业的产品。

说干就干，马丽很快将目标锁定在了一二线城市的中高端人群身上，然后在网络平台上主营品牌服装日租业务。而针对 18 ～ 25 岁的大学生和职场新人，平台推出了性价比高的时尚月租卡，因为这部分用户群体消费能力较弱，但有尝试更多穿衣风格的需求。更重要的是，她们将会成为客户中的骨干力量。

还有一类群体则是 26 ～ 35 岁的职场女性，她们对品质有追求，所以平台提供的是更加注重品位的轻奢卡，像各种国内外一二线的大牌服装是适合她们的首选。

没想到，平台刚一上线，竟然受到了众多爱美女士的追捧。随着越来越多的都市白领知道了这个平台，越来越多的高品质衣服逐渐入驻，越来越多的顾客也开始把这个平台分享给了更多的朋友。

马丽的生意越做越大，后来还获得了上千万元的融资，这可是她在创业之初所不曾想到的。

可见，成功不在于赢了多少利益，而在于与多少人分享了多少利益。分享的人越多，分享的利益越多，成功的机会就越大。

人情做足，才有人脉

1

人脉到底有多重要？世界第一人际关系专家哈维·麦凯说："人脉就是钱脉。"

有人感慨道："我奋斗了 10 年，还是不能和你坐在一起喝咖啡啊！"所谓"机遇是机遇的门窗，贫穷是贫穷的墙壁"，而一个人的社会关系正是真正认清自己、认清时代的一面镜子。

人脉，是关系到一个人能否成功的重要因素。比如，清代红顶商人胡雪岩的崛起与衰落，就与他的人脉走势密切相关。再如，韩国电影《商道》里描写的林尚沃，就是靠人脉成为首富的。

看看历年的中国富豪排行榜，里面的哪一个人没有强有力的人脉。

有一句很流行的话是这样说的："成功不在于你会做什么，而在于你认识谁。"斯坦福大学研究中心的一份调查报告指出，在一个人所取得的成就中，85%取决于人脉，15%来源于专业知识。换言之，从一个人的人脉就能看出他的人生。当然，人脉的优劣和多寡，是与你的个人努力分不开的。

一个人如果只愿意跟不如自己的人交往，那么，他肯定是一个安于现状的人，他的现在就是他的未来。如果他愿意并且敢于跟比自己厉害的人交往，那么，他肯定能不断地进步。因为，他所交往的永远是优秀的人，这些人的成功既是他奋斗的目标，也会为他提供前进的助力。

2

《红楼梦》里有句话这样说："世事洞明皆学问，人情练达即文章。"我们建立人脉，一般都是靠"人情定律"来运转的。通晓人情，要有一种设身处地为他人着想的态度和将心比心的情感体验。

刘邦就是熟练掌握这种道理的人，所以，在韩信的眼中他是个通情达理的人。不仅如此，他还使韩信欠下了"人情债"，不忍心背叛他。

在"楚汉之争"期间，项羽的人去离间韩信，没想到被他直接拒绝了。当时，韩信说："汉王待我恩重如山，让我坐他的车，穿他的衣服，吃他的饭。我听说，坐人家的车要

分担人家的灾难，穿人家的衣服要思虑人家的忧患，吃人家的饭要誓死为人家效力。我与汉王感情深厚，怎能背信弃义反叛他呢！"

与其说项羽败给了刘邦，不如说他输给了人情。

3

从广州初来北京工作的王涛，一开始很不适应当地的人情。

王涛说，广州、上海、北京的聚餐各有特色：上海人请客吃饭，朋友聚会、公司联谊的较多；在北京，凡是在大饭店吃饭的几乎都是谈生意的，从习惯上说，北京是一个人情社会；而广州因为比较崇尚个人的努力，生意会餐就较少。

记得网上有个"理财帝"教人如何用2000元月收入买车买房。他把钱分作了5份，而且制订了明细单，第一份：600元用来做生活费。第二份：400元用来交朋友，扩大人际圈。其中，每个月的电话费用掉100元，剩下的请客两次。第三份：300元用来学习。第四份：200元用于旅游。第五份：500元用来投资。

可见，一个人除了维持基本的生存之外，还要请客吃饭，人情的重要性仅次于活着。

有时候，人脉更像一种"交易"。比如，在遇到困难时，我们通过人脉解决了问题，但同样需要支付一定的费用给对方。有了人脉，即使长期不联系对方，一旦有困难了，我们也照样能获得对方同等质量的帮助。

人情则不同，它受到社会道德的约束，而且维系它并非依靠交易，而是人与人之间的情感纽带，即"礼尚往来"。

人情的价值并不以金钱来衡量，而是以情感的分量为标准，这是社会的道德标准。比如"滴水之恩，当涌泉相报"，又如"千里送鹅毛，礼轻情意重"，就是典型的人情关系。因此，雪中送炭的价值远远超过了锦上添花。

所以，从这个角度来讲，人情的重要性远大于人脉。尽管如此，我们不能将人情当成人脉来经营，因为人情一旦产生，就是一种社会认同和情感依托，而交易会破坏这种良好的关系。

同样，也不能将人脉当成人情来经营，因为人脉具有不稳定性，它一旦转换成人情，交易的持续性就会受到影响。

在职场中，我们要更多地建立一些人脉，比如，你即使离开了一家公司，依然要保持与原同事之间良好的人脉。而人情则需要双方有更多的情感投入才能去维系，这可能会混淆公与私的界限，从而对工作产生一定的影响。

所以，人情需要做足，而人脉则会不求自得。

"霸气外露"也是一种资本

1

在电影《让子弹飞》里有这么一个桥段：当张麻子假扮县长去管理鹅城时，地霸黄四郎从望远镜里看见他后，说："霸气外露——找死。"

看完电影后，大家都在议论姜文是又导又演的全才，霸气和才气俱露。

姜文执导的第一部电影叫《阳光灿烂的日子》，那部片子的口碑很好，还把夏雨推成了最年轻的影帝。他执导的第三部电影叫《太阳照常升起》，票房惨败。那么，大家为什么不去看这部片子呢？因为看不懂。

这里面有个"为什么"的问题——为什么姜文会一炮而红？因为那时的姜文有才气。可后来他为什么又缩水了呢？因为太自以为是，不把观众放在眼里。

再后来，聪明的姜文立马明白了过来，开始沉淀下来。情况大家也都清楚，他蛰伏七年拍了一部既叫座又有口碑的片子，那就是开头提到的《让子弹飞》，这就是姜文的霸气。

2

在一般情况下，人们都讳言"霸气"，但是又时刻希望拥有它。大部分人的想法是，再霸气的事物你也不能把它拿到大庭广众之下去宣扬，要不然就会有一大堆人围着你，满脸堆笑地夸奖你，也很有可能在背后插刀。

其实，有的事情不需要想得那么复杂，霸气应当有，也应当露。当然，那种"一瓶子不满半瓶子晃荡"或是目空一切的人除外，那些人都是因为不自信，才用"疏狂"来保护自己的。

当一个人真的在某些方面显露出某种才华的时候，他有理由在这个方面得到别人享受不到的待遇，而且，别人对这种待遇也不会有任何抵触的意见。

3

商界传奇人物史玉柱在破产后宣布以个人名义还债的勇气，其实也是一种霸气。有人说，那不过是史玉柱用本该还给人家的钱做了个"活广告"，可是换成你，你有那样的勇气吗？所以，该闭嘴时还是闭嘴吧。

了解史玉柱性格的人都知道，他为人直爽，不矫情，不

做作。在大学期间，最令同学难忘的是，一罐正宗的湖南辣椒引发了一场"赌案"，这个故事最能证明史玉柱的霸气。

有一天，史玉柱忽发奇想，对寝室里的上海籍同学说："你们上海人总觉得自己是佼佼者，高于全国各地的人，我就是不服气，今天咱们就论个长短。"

上海籍同学问道："怎么个论法？"

史玉柱毫不犹豫地说："打赌吃辣椒！"

辣椒是寝室里的湖南同学带来的。俗话说，四川人不怕辣，贵州人怕不辣，湖南人辣不怕。可见，湖南辣椒的劲儿还是够大的。

上海籍同学当然不甘示弱，说："打赌可以，但有个条件，在吃辣椒期间，不准吃任何其他的东西。"

史玉柱补充说："你一勺我一勺，谁坚持到最后谁就是胜利者。"

上海籍同学一拍桌子说："好，一言为定！"

根据"君子协定"，最先提议的史玉柱挖了一勺辣椒咽下去，他顿觉五脏俱焚，嘴巴火烧火燎地，想说话却不知说什么好。

经过七八个回合的较量，史玉柱以多吃了两勺辣椒的优势取得了胜利。

当那名上海籍同学迫不及待地冲向水龙头的时候，只见史玉柱兴奋地挥动着双拳，其实，他已经辣得说不出话来了。

每当谈起这件事，史玉柱就说："这不是在比吃辣椒，而是在比意志、比毅力、比韧性。只要你豁出去了，那就不是你怕辣椒，而是辣椒怕你。任何事情都是这个道理，树立必胜的信念非常重要。"

4

电视剧《亮剑》中的主角李云龙之所以受欢迎，就是因为他充分表现出了自己强悍的性格。

我曾经看过这样一篇文章，里面说："男人无霸，大者不立国，中者不立业，小者不立家，及至不立人。霸者，大丈夫也，无谓也，勇者也，智者也。"

霸气虽是隐性的，但它是胆识与才智的结合，是敢拼敢闯的精神，是成就事业的王者风范！

霸气不是霸道，而是以雄厚的实力为基础。霸气，其实就是霸王之气，是有纵横四海、唯我独尊之神韵的豪气。

你有这样的霸气吗？

如果有背景，要用得恰到好处

1

在看过《西游记》多遍之后，我有一个心得体会，就是为什么那些有背景的妖怪最后都被救走了，而为数不多没背景的妖怪都被孙悟空打死了？

其实，唐僧师徒在西天取经路上遇到的妖魔，大致可以归纳为三大类：一类是道家的，一类是佛家的，一类是割据一方的野势力。

关于《西游记》里的妖怪，有人做过一个不完全的统计，发现其中有灵山背景的有9名，有灵山及天庭双重背景的有1名，有道家及天庭双重背景的有8名，最后他们被悉数解救了。无任何背景的妖怪有26名，其中20名被当场击毙，另外6名幸存了下来，但其中4名被迫改变了信仰，或终生为奴。

前两类妖怪，一般都作恶多端，但有高人相护，不至丧命，后一类妖怪就没有这么好的命了。

"打狗看主人"的俗话，在孙悟空这里得到了很好的体现——往往在他举棒欲杀妖怪之际，总有个大仙驾到："大圣，大圣，看在小仙的面子上，放这畜生一马吧。"

得，白忙活了一场。

所以，这个统计结果给我们的启示，就是有没有背景的差别实在是太大了。

不过，话说回来，孙悟空的背景也不简单：当年他大闹天宫，在太上老君的炼丹炉里炼出了火眼金睛和金刚不坏之身。此外，他的兵器金箍棒还是老龙王"送"的。他威名远震，走到哪里人人都尊称他"大圣"。这些都是背景，或者说关系。

2

在我们周围，不相信教育和知识能改变命运、改变未来的大有人在。很多朋友经常感叹时运不济，别人有好背景，自己只有背影，以致考研、工作，甚至孩子上学都输在了起跑线上。

这样的感叹不是自怨自艾，从某种程度上来看，更是现实的一种写照。

茫茫人海，我们是沧海一粟，显得那么渺小，我们很难仅凭借自身的力量就出人头地，实现自己的理想。而借助某

种媒介把自己"推销"出去，赢得他人的重视，进而让人家赏识你并助你一臂之力，这是走向成功的一条捷径。

所以，一个人成功与否在很大程度上取决于个人的社会背景，心理学家将这种社会现象称为"社会背景效应"。

社会背景的确是一个跳板，所以，一个人"有背景"未必是坏事。如果这个"背景"能让你在生活中挺直腰杆，能帮助你成功而不会损害他人的利益，也无不可。

3

阮婉大学毕业后被分配到县医院实习，当时办公室里有位德高望重的老医生，她每天都为老医生打两壶热水。

过了两个月，阮婉被调去儿科工作，但她每天上班前依然给老医生打两壶热水。有一回，阮婉打热水回来，老医生叫住她，说自己快退休了，在工作上给不了她什么帮助，劝她以后别再给自己打热水了。

阮婉笑着说，自己是因为敬重老医生才做这些事，即使他不能给自己什么帮助，她也依然会这么做。

一年后，阮婉实习期结束，老医生把她叫到办公室，告诉她某市医院的儿科主任是他的学生，他已经推荐阮婉到那儿去上班。老医生说："看得出来，你是个有责任心的好孩子，所以我愿意动用自己的人际关系给你一个机会。"

4

有时候，一个人能否成功不在于你会什么，而在于你认识谁。强大的社会关系是一个人获得成功的敲门砖，同样，拥有良好的社会关系也能让人生之路变得更加顺畅。

有人说，这是一个"拼爹"的时代，要是没个好爹，就只能自诩"咸鱼"了。有人这样描述当前社会的一种普遍心态："我们骂垄断，又削尖脑袋往高薪单位里钻；我们讥讽不正之风，自己办事却忙着找关系。总之，我们愤怒，不是因为觉得不公平，而是觉得自己处在不公平中的不利位置。"

可见，"拼爹时代"到来后，很多人已默认这是一种潜规则了。

其实，在自媒体时代，每个人都能做一个"有背景"的人。发达的传播媒介给人们带来了沟通上的便捷，更改变了人们见证和参与社会生活、公共事件的方式。也正是这种转变，打破了过去的种种沟通壁垒，其中，互联网因为聚集了无数网民的目光，成了人们赖以积极改造社会的阳光地带。

从这个角度来讲，我们都是"有背景"的人，这背景就是互联网。

当然，像《红楼梦》里的薛蟠、贾琏等显然是错用了背景，因为背景是一把双刃剑。真正的背景利用应该是"虎父

无犬子"，是利用父母、亲戚的关系不断提升自我，为自己和社会创造更大的效益，而不是搞特权，仗势欺人。

背景是个妖魔鬼怪，最终还得靠自己去降妖除魔，努力得道成"仙"。这就完全取决于你怎么去利用自己的关系了，我们还是跟孙悟空好好学学吧！

抓住"有难同当"的机会

1

为什么同学、战友的关系要比一般朋友的情谊真实得多？很多人都善用这些规则，却很少有人去细究个中原因。

其实，这大多是因为同学、战友曾"有难同当"过。想当年，大家一无所有，在同一个宿舍里一起训练、学习、吃饭、聊天。你出过我的丑，我见过你的洋相，这样的情谊可谓"患难与共"。

世上的友谊千万种，有布衣之交、金兰之交、莫逆之交、忘年之交等，但患难之交无疑是其中含金量最高的一种。

古人曾一再提到患难之交，蒲松龄有"宴笑友朋多，患难知交寡"一说，刘鹗有"最难风雨故人来"一说。这说明，逆境是检验朋友的试金石。

其实，每个人都希望在自己遇到困难的时候能得到朋友的帮助，而有些朋友也确实帮助过你。比如，你失业了，朋友会帮你找工作；你生病住院了，朋友去看你或者会为你筹措医疗费。所谓"有钱的出钱，没钱的出力"，谁让你们是朋友呢。这时，朋友的付出就会让你感动。

尽管历史和现实生活中有很多"只能同患难不能共富贵"的例子，但还是惺惺相惜、知恩图报的多。

俗话说："三十年河东，三十年河西。"不是每个人都会一辈子走霉运的，不是每个人都有机会与"潜力股"有难同当的。所以，在别人困难的时候，你与他们做朋友，帮助他们，日后，他们飞黄腾达了必定会报答你。

2

小时候，男孩子之间经常发生打架斗殴的事。如果有朋友被人欺负了，大家便义愤填膺，聚集起来为他出气，打对方一顿。

这种朋友即使几十年未见，彼此也会挂在心头，为什么？你看过我穿开裆裤，我见过你玩尿泥，熟悉到了不分彼此的地步。你遇到了难处，只需要打一个电话，对方就会赴

汤蹈火。这样的交情，确实令人感动至极？

小时候读《绿野仙踪》，我不厌其烦地读了好多遍，书中惊险、曲折的幻想故事引人入胜，而那些人物形象善良、勇敢的品质和友爱互助、为理想不懈奋斗的精神，至今深深地影响着我。

美丽、善良的小姑娘多萝茜和亨利叔叔、艾姆婶婶居住在堪萨斯大草原上。一天，一场龙卷风把她刮到了一个陌生而神奇的国度——奥兹国。在那里，她陆续结识了稻草人、铁樵夫和胆小狮，并且与他们成了亲密的好朋友。

为了实现各自的心愿，他们互相帮助，携手合作，历尽艰险，一路上遇到了许多稀奇古怪的事情。最后，他们凭借自己非凡的智慧和顽强的毅力实现了梦想。

后来，看李安拍的《少年派的奇幻漂流》，我对患难见真情的认识又深了一层。"赠人玫瑰，手有余香"，如果可以，当别人有困难的时候伸出你的援手，你会惊喜地发现，你的善良会照亮别人的路途。

3

患难之交才是真朋友，他们在你落魄的时候会向你伸出援手，在你失意的时候会倾听你的心声，在你得意的时候也会默默地为你祝福。

当然，能够共患难的朋友不是一朝一夕就能得来的。有些朋友并非一开始就惺惺相惜，而是经历了长期的交往最后才心心相印的。这绝对不是主观的，而是在工作或生活中经过了不断地考验和磨合，最后形成了一种牢固的情感关系。

精神交往比物质交往更靠谱

1

《庄子·山木》里说："君子之交淡如水，小人之交甘若醴。君子淡以亲，小人甘以绝。"这句话说出了精神交往与物质交往的差异之处。

君子间的交往是道义的接近，心灵的相通，情感的默契，困难时的辅助，前进中的推动，得志后的祝福。

君子之间的友情看似平淡，其实更为纯洁，更让人感到洒脱、愉悦。他们没有追名逐利的互相利用，没有乐极生悲的反目成仇，他们在交往中很好地把握了一个"度"——不即不离，保持了距离美。

在漫漫人生旅途中，一个人能遇见另一个人，不管通过

何种方式能肝胆相照、推心置腹，这不能不说是缘分。在此基础上，恰恰又能结成君子之交，更是相当值得珍惜了。

这样的朋友，一想到他们，更多的时候是开心，是欣慰。

真正的精神交往就是这样。在这份友谊里，我们全然没有负担，不会疲惫，不会神伤，因为彼此之间毫无隐瞒，一切交流都是掏心窝子的，是心与心的碰撞、情与情的呵护。

相对于君子之交，小人之交看似亲密无间，但心灵上互相有隔阂，难以真正地沟通。他们是利益的组合体，正如俗语所说的那样："穷在闹市无人问，富在深山有远亲。"

你得志了，高朋满座；你倒霉了，门可罗雀。你得志了，他表面恭维却内心嫉妒，冷不丁地给你偷偷使几个绊子；你倒霉了，他表面上对你表示慰问，心里头却在偷着乐。

这种人整天互相称兄道弟，肉麻地恭维对方。但是，如果一方落难的时候，另一方会躲得远远的。有一句俗语"肩膀头不一样高不是朋友"，说的也是这种小人之交。

正所谓"有茶有酒多兄弟，急难何曾见一人"，平顺的时候，你好我好大家好，其实，这种感情根本经不住考验——没有出事情，怎能见人心。

寒来暑往，在经历了众多的风风雨雨之后，曾经的那些绚烂都灰飞烟灭了，而这份信任、关心与欣赏不仅未变，反而更加笃定，这才堪称真正的友谊！

2

其实，真正的朋友不是见了你的光鲜亮丽就为你鼓掌喝彩的人，而是见了你最狼狈不堪的一面，仍然能够撸起袖子帮助你、不放弃你的人。

一位网友说："要看一个人拿不拿你当朋友，要看他肯不肯把自己最棘手、最烦恼的事情和心里面打不开的结拿来与你分享，能做到这一点的，才说明最知心。"

这样看来，还是惺惺相惜的精神交往比另有所图的物质交往来得更纯粹一些，而不以一时一地的物质利益为追求的精神交往，才是一种最为理想的交友境界。

相处久了你就会发现，阴晴不定、忽冷忽热的友谊靠不住——热的时候如胶似漆，冷的时候就形同陌路。这样的例子我们见得多了，反倒是那些能够在精神上产生共鸣的交往，才能将友谊经营得经久不衰。

这令我想到了"高山流水遇知音"的故事：

战国时期有位琴师叫作伯牙，伯牙弹琴技术高超，却少有人能听懂他琴声中的感情。

一日，伯牙来到森林泉水旁弹琴，山上的樵夫钟子期路过。钟子期听完琴声，道出琴声"峨峨兮若泰山""洋洋兮若江河"的志向。一个樵夫能识其音律，知其志在高山流

水，令伯牙大喜，将钟子期视为知音。

几年后，伯牙再次路过此地，得知钟子期已经病故的消息，悲痛不已的他决定破琴绝弦，终身不复弹琴。

伯牙与钟子期通过琴声与彼此在精神上产生共鸣，并没有因为钟子期只是一介樵夫而看不起他，而把他视为知己，最后也为知己断弦绝音。这样纯粹理想的友谊，才能在历史的长河里历久弥新。

3

交友须谨慎，彼此之间切莫烙上功利的印记。

人与人之间想要结伴为友，彼此在心灵上要有默契，谁长谁尊，谁贫谁富，也应不在话下。五味人生，酸甜苦辣咸，我们各有体会。朋友之间的相互交流、感情共鸣，便也就得到了精神的支撑，会使我们更不惮于前行。

熙来攘往的物质交往就有所企图，崇尚"礼尚往来"。总之，无功不受禄也罢，"来而不往非礼也"也罢，凡事跟物质一沾边，就功利了许多。还是"君子之交淡如水"好，"淡"原本就是水的味道，是生活的味道。

像敬畏生命一样去敬畏友情吧，而不是把它当作酒，陶醉在那种醺醺的状态之中。

第 六 章
沟通情商

　　倾听具有广泛性，任何时候我们都需要倾听，沟通的最高境界就是静静地聆听。学会倾听是一种美德，一种修养，一种气度。变"听我讲"为"听大家说"吧，这不仅是对说者的尊重，也是对听者的尊重。

扬善于公庭，归过于私室

1

每个人都会遇到一些尴尬的事情，这时候，如果能够有一个人、特别是朋友出来帮自己打个圆场，无疑是最能化解局面的。

有一段时间，还在读大学的李珊在一家馄饨餐厅做兼职。由于肯吃苦，她不仅得到了经理的赏识，还跟经理成了朋友。

一次，有一位女顾客点了一份馄饨，馄饨端上来后，女顾客先尝了一口汤，可是汤的味道刺激了她的呼吸道，随即打了一个喷嚏，她的唾沫和着汤同时喷在了对面一位男顾客的身上和碗里。

这可惹火了这位男顾客，他一下子站了起来，吼道："你怎么乱打喷嚏！"

女顾客也为自己的不雅之举感到难堪不已，于是赶紧向对方赔礼道歉。而等她缓过神来后，马上对着店员小刘喊道："我告诉你了不要放胡椒粉，干吗还要放呢？你赔我的饭钱，我还要赔人家的饭钱呢！"

小刘马上去问李珊，李珊感到很委屈，她明明没有在馄饨里放胡椒粉。结果，大家开始七嘴八舌地议论起来。

这时，餐厅经理闻讯赶了过来，了解到情况后，他赶紧打圆场，对着厨房大手一挥："再下两碗馄饨，本人请客！注意，这次千万不要放胡椒粉，客人想吃自己会加的。"然后，他又对顾客说，"只有大家和气，我们才能生财嘛！"

对此，两位当事人纷纷表示理解。

在当事双方都感到尴尬之时，这位经理没有当众与恼怒的女顾客的辩解，也没有当众批评被冤枉了的员工小刘，而是简单地为双方打了个圆场，使得凝滞的气氛变轻松了。

2

有一年，某电视台举行春节晚会，由于现场出现失误，在零点倒计时之前，主持人串词时不断出现口误、忘词等状况。一时间，外界的议论沸沸扬扬，负面评价接踵而来，比如，谁与谁不和、谁的普通话差，等等。

后来，在一次采访时，其中一位当事人还原了当时的情景，说出现这样低级的失误，在场的人无论如何都难辞其咎，但不得不说的是，这并非像外界所说的那样是主持人之

间互相拆台、人为抢词造成的——当时，由于大家没有配合好，再加上在那个时间段过度紧张，所以接连出现口误。

如果不是怀着恶意去揣测那些主持人的行为，那么，我们完全有理由相信，大家兢兢业业地工作了大半夜，有那么多的演员、灯光师、舞美师、化妆师等后台工作人员在默默地付出，他们不会素质低到在关键时刻故意拆对方台的。

所以，出现失误的原因在于配合不佳。

3

如果把人生比作舞台，那么，我们需要争取"上台"，善于"守台"，积极"出台"，努力"补台"，杜绝"拆台"，正视"下台"。

一、争取"上台"

在现实生活中，通过自身的努力，我们能够担任某个职位或走上某种岗位，得以证明自身的能力，展示自身的才华，实现人生的价值。这恰是一个人能力的体现，也正因如此，每个人都有权利而且也要争取"上台"。

二、善于"守台"

一旦"上台"之后，我们要能胜任自己的工作，即善于守台。否则，即便上得来台，也难免会被赶下台。

三、积极"出台"

这里所讲的"出台"，是指我们不能满足于站稳脚跟、坐稳位置，还要有一种永不自满、持续前进的精神，要主动向他人学习，以便取长补短，不断提升自我。

四、努力"补台"

"补台"是指为他人补偏差、疏漏，纠正缺点、错误，或弥补其他方面的不足。一个人很难靠一己之力成就大事，凝心聚力才能创造奇迹。我们通常所说的"团结就是力量"，说的就是这个道理。

五、杜绝"拆台"

"拆台"是最被人鄙视、令人愤慨的行为之一。一心盼着别人倒霉，甚至抽梯子、使绊子，这样的人不仅是在拆别人的台，更是在拆自己的台——一旦被人了解了真面目，没人会与他们交往。

六、正视"下台"

一个人不管是功成名就还是一无所成，下台是早晚的事，但只要生命还在，人生的舞台就始终在。

4

互相补台，好戏连台；互相拆台，一起下台。真正的挚友，应该是你上台，我会热烈地捧场；你下台，我也会不

离不弃。

朋友之间，在关键时刻尤其是用人之际，一定要鼎力支持，给足面子。有问题要关起门来谈，就算言辞再激烈，只要是真心为朋友好，他都一定能理解——即使当时他难以接受，过后也会明白的。

曾国藩说："扬善于公庭，归过于私室。"意思是指在公开场合要多表扬一个人的优点，至于他的缺点、过失，要在私下里去规劝。

"支持维持不排斥，想事干事不整事；圆台补台不拆台，理解谅解不误解。"这话说得真好！

故意露出你的"短处"

1

沈晴去洗手间时，看到同事李薇正在照镜子，她的眼睛下面有着严重的黑眼圈。于是，沈晴随口说某个牌子的眼霜对去除黑眼圈很有效果，并且推荐李薇使用。

让人出乎意料的是，李薇告诉沈晴，这几天因为自己的父母急需一笔钱周转，而丈夫支支吾吾地不想借，结果双方闹得很不开心，父母还因此跟自己吵了一架。因为心烦，自己几夜没睡好才会变成这样。

沈晴没想到，她们两人一直只是普通的同事而已，李薇竟然把家里的隐私全盘告诉了自己，心里就莫名地有些感动。尤其是当李薇说她一直觉得沈晴人很不错，不会乱说话，只是自己压力大才说给她听的时候，沈晴感动得一塌糊涂。

之后，沈晴积极地帮李薇出谋划策，并主动分享了自己的一些小秘密，两人之间的关系也越发亲密了起来。

2

有时候，我们觉得个人隐私就应该藏在心里，或者只讲给最亲密、最信任的人听。这是人们的思维惯性。

其实，在职场中，打破陌生关系的"破冰"方法很简单：微笑能解决一切。问题是，接下来怎么能让关系更进一步，从"还不错"变成"非常好"呢？

当你主动告诉同事你的一些小秘密后，对方自然也会报以一定的亲密和信任，甚至会将此视为你们之间的秘密，成为你们建立私交的基础。

有选择性地分享自己在生活中或家里能引发讨论的趣事甚至隐私，主动伸出友谊的橄榄枝，就能轻松拉近与同事之

间的距离，提升你的职场人缘。

人际关系从来都不是单向的，而是双向的。那么，人与人之间的亲密度究竟要如何衡量呢？

用几种行为来表示，应该是这样的：点头微笑是初级，寒暄问候是中级，闲聊交谈是高级。那么，互吐心曲、交换秘密可算得上达到最高级了。

除了分享个人隐私外，适时地露出自己的一些"短处"，有时候也会在人际交往中收到意想不到的效果。

与人交往，我们总想把自己最好的一面展现给对方，即使有缺点和不足也会本能地藏着掖着，生怕别人知道。然而，在适当的时候，偶尔暴露一下缺点和不足，会让你在人际交往中拉近与他人之间的距离，赢得对方的信任。

比如，一对少男少女刚开始谈恋爱的时候，男方告诉女方："我的工作性质比较特殊，要经常加班；我的性格比较内向，不太懂得浪漫。"之后，即使某天男方因加班没有按时去接女方，有了"自我暴露"做铺垫，女方也不好意思生气。

3

有一家餐馆的窗上贴有"川鲁粤·家常菜"字样，门上贴着一副对联："缺山珍，少海味，就是便宜；无名师，非正宗，图个便宜。"

乍一看，这位餐馆老板的思维似乎不正常。再细想的话，这家餐馆却用自己的劣势——"无名师，非正宗"道出了家常菜便宜的价格优势，这在同行之中就有了足够的竞争优势。

有时候主动露出你的"短处"，未必是一件坏事，就像餐馆老板主动表示自己非师出名门反而会拉近与消费者之间的距离。无论是倾吐隐私跟别人分享秘密，还是自我暴露缺点，这都是向别人展示自己的内心世界，拉近双方距离的好办法。

不想被拒绝，最好的办法是先拒绝他人

1

在电影《东邪西毒》里有这样一句台词："要想不被别人拒绝，最好的方法就是先拒绝别人。"这句话未免有些偏激，但至少说明了拒绝别人的确是一种勇气，一种能力，一种艺术。

学会拒绝，适应被拒绝，是人生的两门必修课。

面对过分的要求，拒绝不是一件容易的事，但你若不计较，会让自己和别人都难堪。而你提出的合理诉求，被人拒绝也是常事，但若你的承受和适应能力很差，那么难免会为此而产生烦恼。

不会拒绝，不适应被拒绝，人生的质量必定会大打折扣。

2

在快下班的时候，小马接到了同事阿文的电话，阿文火急火燎地请求小马再帮他写一份新文案给客户，说客户已经催他好几次了，而他实在没时间去做这事。

最近，因为正在热恋中，阿文常请小马帮忙写文案。

阿文是小马在公司里关系比较好的同事之一。在一个月前，当阿文一脸兴奋地谈到自己在跟一个女孩子交往的时候，小马毫不犹豫地就答应帮他写文案。可是，一个月下来，小马发现自己有些厌倦了写文案，并且越来越不快乐。

"怎么拒绝阿文呢？"大家是好朋友，小马觉得很难说出口。他又想，他们是该相互帮助的，拒绝会不会让他失去阿文这个朋友呢？

面对这种情况，小马该怎么做呢？依我看，他可以幽默地说："你看这样行不行，今天你还是自己写文案吧，我代替你去约会。"

这样一来，阿文绝对能听出小马的"言外之意"，也就不会再为难他了。

对小马而言，拒绝是必须的，因为阿文直接影响了他的工作和生活。但要记住，最好的方式应该是温和、坚定地说"不"——说明你的苦衷，告诉他原因，同时语气要诚恳。

最怕的是，当别人提出了要求，你不好意思拒绝，而等你真的爽约了，这样既会给别人造成麻烦，又会让自己失信于人。或者，你勉强去做了，心中却是各种不乐意。

当你仔细倾听了同事的要求，并认为自己应该拒绝他的时候，说"不"的态度必须是温和而坚定的。这就好比，同样是药丸，外面裹上了糖衣就比较容易让人入口。

所以，温和地表达拒绝比直接说"不"，更容易让人接受。

当拒绝对方后，你再坦诚地说出自己的理由，相信会取得对方的谅解。因此，与其说拒绝是一种能力，不如说是一门艺术。

3

在拒绝别人的时候，下面几个小窍门会让你显得更加从容：

一、不要立刻就拒绝

立刻拒绝对方，会让对方觉得你是一个冷漠无情的人，甚至觉得你对他有成见。

二、不要轻易拒绝

有时候，轻易地拒绝对方，你会失去有能力帮助他们同时获得他们友谊的机会。

三、不要在盛怒之下拒绝

盛怒之下拒绝对方，容易在语言上伤害对方，让对方觉得你没有一点同情心。

四、不要随便地拒绝

太随便地拒绝对方，对方会觉得你并不重视他们，因而容易对你产生反感。

五、不要无情地拒绝

无情地拒绝对方是冷漠的表现，如果语气严厉，毫无通融的余地，会令对方很难堪，甚至跟你反目成仇。

六、不要傲慢地拒绝

一个态度傲慢不恭的人，谁也不会喜欢亲近他。当对方有求于你，而你盛气凌人地拒绝他时，他更是无法接受。

七、要婉转地拒绝

当你有不得已的苦衷时，如能委婉地说明情况，以婉转的态度拒绝对方，对方还是会理解你的。

八、要微笑着拒绝

在拒绝对方的时候，态度要庄重并面带微笑，让对方感受到你的尊重和礼貌，即使被你拒绝了也能欣然接受。

九、要有代替方案再去拒绝

比如，你可以跟对方说："你提的这事虽然我帮不上什么忙，但我可以提供给你另外一个办法。"这样一来，对方还是会感激你的。

也就是说，你虽然拒绝了对方，但在帮他想出一条出路，实际上还是帮了他的忙。

这是一种有智慧的拒绝方式。

4

拒绝是一种权利，一种主动的选择；是一种表现，一种沉稳、豁达、明智；是一种淡泊宁静，一种对人性真善美的自我保护和调试，一种对人情世故的评判和分析，一种对人生价值的思考和选择。

拒绝是一种智慧，我们要学会不勉强自己，按自己的想法去做人做事，给自己的心灵自由，这样才能活出真正的自我。

只承诺你能做到的，尽力超越你承诺的

1

前些日子，刚进职场的同事阿强对我抱怨道："现在的同事真是不好相处，我费了很多心思想跟他们交朋友，可就是没人领我的情！"

然而，当我私下与其他同事交换意见时，听到的却是另一种说法："阿强最喜欢给人乱许诺，今天跟这个人说'到年底前，我会帮你的对象找到工作'，明天跟那个人讲'你不用担心自己的神经衰弱症，我认识一名医生，估计他能治好你'。实际上，他几乎从来没有兑现过任何诺言……"

这正应了"轻诺者，信必寡"的古训，究其原因，是阿强取信于同事的出发点和方式有问题。

诚然，同事之间理应互相帮助，但是哪种诺言能许，都要有原则。如果不分青红皂白地乱承诺一通，事后却因种种原因不能使别人如愿以偿，就会因"口惠而实不至"导致"怨及其身"。

2

上半年，你感觉抽出半天时间陪朋友去吃饭简直易如反掌，所以，你信誓旦旦地表示年底要请朋友痛痛快快地吃顿大餐。可随着饭局一天天地临近，你却发现自己的时间捉襟见肘，根本没空去陪朋友吃饭。

这样做的话，朋友能不对你失望吗？甚至，你还有可能会失去几个朋友。

一个年轻人在一家汽车维修服务部工作，他很喜欢随便夸口，每当有顾客送汽车来修理时，他总是随口说："先生，这辆车包你四点钟修好，你可以放心。"

许诺简单，然而有时他无法守诺，并没有在答应的时间内修好汽车。不久，他的信用度降到了最低点，甚至，客人开始投诉他的工作部门。看吧，他不但没把自己推销出去，还连累了整个团队。

其实，轻诺而寡信是现代人的通病。

"一诺千金"道出了承诺的价值，然而，我们还是别轻易许诺得好。一个诺言能给别人一个希望，一个诺言等于一个守候，或许是一生的守候。所以，我们最好不要轻易许诺，因为即使你有十成的把握，一个变故就会使希望化为泡影。

每个人都愿意相信承诺，只是在等待的过程中也会非常

烦恼——他们在傻傻地等，可是许诺之人早已忘了自己的承诺，或是因为身不由己而无法兑现承诺。不管怎么说，当承诺无法兑现时，对于那些等待的人来说都是不愉快的经历。

许诺听起来简单也潇洒，于是，许多时候，我们总会看见一些人信誓旦旦、毫不费力地夸海口，但是他们在轻易许诺的时候有没有想过，如果有那么一天承诺成空，该如何面对朋友呢？

那么，我们还是留一点底气给自己吧，不要把不该有的遗憾抛给别人，这样就算是既善待了自己，也善待了别人。

3

在给别人许诺之前，聪明的人一定会深思熟虑，对那种有违道德标准或是自己把握不大，甚至根本没有能力办成的事，他们一概不会答应。

对此，我总结出以下几点，以供大家参考。

第一，勉强自己不惜任何代价去兑现许下的承诺，除了你自己，没有人能强迫你这样做。

第二，在做出任何承诺之前，先仔细考虑一下："我真的能够兑现这个承诺吗？"

第三，谨慎承诺，许诺以后就一定要认真履行，不能失信于人，因为这关系到一个人的信用问题。

第四，承诺时要留有余地，量力而行。

信誉，是一个人获得良好人际关系走向成功的重要保障，能否兑现承诺，是他是否讲信用的主要标志。

如果你对事情的把握不大，就不要斩钉截铁地答应别人，要留有一定的余地。切不可打肿脸充胖子，否则不仅会伤害对方，还会毁坏自己的声誉。

4

《管子·形势》里说："圣人之诺已也，先论其理义，计其可否。义则诺，不义则已；可则诺，不可则已。"这说明，一个人一旦许下诺言，就要努力去兑现。

在生活中，承诺是热情、善良的象征，而理智做出承诺的同时，也必须懂得冷静地拒绝——只有懂得诺言与拒绝之间的轻重缓急关系，才算得上是一个心智成熟的人。

在任何情况下，我们都不能轻易地许诺，尤其是对那些自己无能为力的事情，否则，后果只能是招致不必要的烦恼，于人于己两不利。

口下有德，脚下有路

1

有些人有挤对人的恶习，似乎只有这么做他们心里才有满足感，可事后仔细想想，自己又从中得到了什么好处呢？除了惹人不快、得罪人外，根本不会有什么收获。

大凡有德之人，都十分注意口德。所谓口德，也就是言语之德——说白了，就是嘴边要留个把门的。靠耍嘴皮子混饭吃的人，比如滑稽演员，他们大多都吃过嘴巴上的亏，为什么？言多必失。

这些人为了哗众取宠，在言语之间得罪了不少人，但大家也明白那不过是逢场作戏，没有人愿意当真，也就一笑了之了。可是在现实生活中，如果你一不小心在言语上得罪了他人，问题就没那么简单了。

嘴巴带刺也不见得是一件坏事，关键是嘴巴要能表现出一定的水平，一定的境界，一定的深度。

2

平日里说话，要力戒狂言、妄言、戏言、恶言，不虚伪、不夸张，仰不愧天、俯不怍人，要多说诚实语，多说有益语。

一座山有一位得道女尼，身体健朗，自出家以来，从不讲任何闲话，开口闭口都是一句"阿弥陀佛"。

有人问她有关修行之类的话，她则正面开示数言；若无关修行，她则闭口不言。她说："无论在家或出家修行，若能守住口业则成佛一半。"

人的一生，须练就两项本领：一是说话让人结缘，二是做事让人感动。正所谓："恶语伤人心，良言利于行。行事之恶，莫大于苛刻；心术之恶，莫大于阴险；言语之恶，莫大于造诬。伤人以言，甚于刀剑。"

古人说："口能吐玫瑰，也能吐蒺藜。""开口讥诮人，不惟丧身，足亦丧德。"修炼口德，就是修炼自己的气场，一身正气才能好运连连。

不注意口德，说出伤人的话，往往就像往墙壁上钉钉子，待悔悟时拔下钉子却永远留下了痕迹。这也正如你打了别人一顿，不管事后你说了多少句对不起，对方的心里会永远留下伤口。

　　"语言切勿刺人骨髓，戏谑切勿中人心病。"说的便是
这个道理。此外，还有一个说法是：心地再好，嘴巴不好也
不能算是好人。一个人若有一颗豆腐心，却长着一张刀子
嘴，也会恶语伤人。

3

　　说好话，如莲花处处香；说恶语，如毒蛇人人怕。修好
口德，谨守口业，是一个人的分内之事。因为，口德好才能
运势好，运势好才能少走弯路，多做出些成绩。

　　对于口德，你若真用心着力于此，相信你在为人处世、
修身立业方面至少成功了一半。

人人都要有舌绽莲花的本事

1

　　前面讲到要管好自己的嘴，现在却来说"像韦小宝一样
舌绽莲花"，是不是前后矛盾呢？非也。管好自己的嘴，是
告诫我们不能对别人恶语相向。有时候沉默能避祸，但"好

言"也能赢得机会。

口才是一个人终生受用的技能，也是一辈子的财富。好的口才会使你获得别人的赞赏与帮助，让你的生活、工作如虎添翼，在自己快乐的同时也能使他人快乐。

我们都喜欢那些在众人面前滔滔不绝的人物，但是我们忽略了一个问题——其实，谁都不是天生的口才专家。

卡耐基刚开始做公众演讲的时候，曾经被人赶下台10多次，但他不怕丢脸，最终还是克服了缺点，成为世界上著名的成功学演说家。

2

《鹿鼎记》中的韦小宝，本是个大字不识的小滑头，他凭着能说会道的高超口才在各种场合左右逢源，最终成了康熙手下的第一红人，也成了天地会总舵主陈近南的弟子兼青木堂香主，同时还成了白龙教的白龙使。

从小混混到大名鼎鼎的韦爵爷，韦小宝的故事告诉我们，拥有一副好口才是多么重要。

不管走到哪里，韦小宝都是一副油嘴滑舌的样子。他不仅跟威严的师父陈近南胡说八道，就连在康熙皇帝面前，他也能觍着脸讨价还价。

在《鹿鼎记》第四十九回里，江洋大盗茅十八被官府

捉住，康熙要杀他，韦小宝马上磕头求情说："奴才对他还没报过恩，大胆求皇上饶了这个人，宁可……宁可奴才把这番打罗刹鬼子的功劳，皇上尽数革了，奴才再退回去做鹿鼎侯好了。"

康熙知道韦小宝的性格，于是把脸一板，道："朝廷的封爵，你当是儿戏吗？赏你做一等鹿鼎侯是我的恩典，你拿了爵禄封诰来跟我做买卖，讨价还价，好大的胆子！"

韦小宝却不吃康熙的这一套，一面磕头一面说："奴才是漫天讨价，皇上可以着地还钱，退到鹿鼎侯不行，那么退回去做通吃伯、通吃子也是可以的。"

康熙又好气又好笑，仍是板着脸说："你求我饶了这叛逆，那就拿你的脑袋来换他的脑袋。"

直到这时，韦小宝虽愁眉苦脸却还是嘴硬地说："皇上的还价太凶了些，请您升一升。"

康熙果然被逗乐了，说道："好，我就让一步。你割了卵蛋，真的进宫来做太监吧。"

韦小宝说："请皇上再升一升。"

康熙道："不升了。你不去杀了此人就是对我不忠。一个人忠心就忠心，不忠就不忠，哪有价钱好讲的。"

韦小宝说："奴才对皇上是忠，对朋友是义，对母亲是孝，对妻子是爱……"

康熙终于忍不住哈哈大笑了起来，说道："你这家伙居然忠孝节义，事事俱全。好，佩服，佩服。明天这时候拿一个脑袋来见我吧，不是那叛逆的脑袋，便是你自己的脑袋。"

金庸先生把韦小宝写的没有武功，偏偏凭着好口才纵横黑白两道，而且娶了七个老婆，足见他对这个人物形象的喜欢，同时也从侧面反映出了口才对一个人的重要性。

3

有道是"三寸之舌，强于百万之师"，通过解析韦小宝的说话技巧，大致能得出以下可供借鉴之处：

一、另类赞美，让大人物心旷神怡

大人物整天生活在别人的赞美声中，对一般化的赞美已经产生了听觉疲劳，而韦小宝富有喜剧色彩的油嘴滑舌、插科打诨、有声有色般的赞美，很容易让大人物耳目一新。

对于每一个人，韦小宝总是能找出与众不同的赞美之词。他从小在复杂的市井里长大，凭着小聪明，用自创的与传统说话方式截然不同的赞美语言取得了成功。

二、投其所好式的附和，被人引为知己

俗话说："酒逢知己千杯少，话不投机半句多。"在现实生活中，由于价值观不同，人们很难遇到跟自己秉性相投的人，以致会发出知己难觅的感叹。

而韦小宝不同，他几乎被所有人认为是自己的知己，觉得与他相处非常融洽。而韦小宝的诀窍很简单，就是不管对方说什么，他基本上都能附和几句，所以会使对方觉得自己遇到了知音。每一个跟他接触的人都把他当成了最好的朋友，这就是他的人缘为什么这么好的一个重要原因。

三、留足面子式的掩饰，让人感激涕零

俗话说："人要脸，树要皮。"中国人的面子观念特别强，如果自己在别人面前失了面子，那就是一件糗事，所以，"打人不打脸，骂人莫揭短"就成了人们的经验之谈。

在这方面，韦小宝就做得非常好，他不仅会为上层领导掩饰尴尬的局面，对一般朋友也很给面子。在羡慕和赞美声中，朋友自然会对他感激不尽。

四、直爽、随和式的交谈，让下属暖透心底

一般而言，在比自己地位低的人面前，位高权重者总爱摆架子，比如，他们通常不苟言笑以此来显示自己的权威。但是，韦小宝把下属当兄弟，下属也就把他当兄弟，所以会忠心耿耿地为他做事。

在一个人人重视人情的社会里，感情有时候比命令更有效。正是因为与刘备、张飞等人兄弟情深，关羽才会在挂印封金之后不愿跟着曹操过"好日子"，而是千里迢迢地去找还在流浪中的兄弟。

实际上，韦小宝找到了最高明的交际技巧，虽然对他的为人，现在还有争议，但是他懂交际这一点却是大家一致公认的。他的能说会道，让他迅速地从社会底层崛起，所以，他的说话技巧对我们还是很有启发的。

如果你还在为自己不会左右逢源而处处碰壁，总是容易得罪人而苦恼，不妨找本《鹿鼎记》来看看。

你且口吐莲花，我自倚楼听雨

1

古时候，有一位小国的使臣来到中国，他给皇帝进贡了三个一模一样的金人，这可把皇帝高兴坏了。可是，这位使臣出了一道难题：在这三个金人中，哪一个最有价值？

皇帝就叫来珠宝匠进行检查，看做工、称重量，最后还是发现三个金人一模一样。

"使者还等着回去复命呢，怎么办？这可真是丢死人了。"皇帝为此大怒。

最后，还是一位老臣解决了这个问题。这位老臣胸有成

竹地拿来三根稻草，将一根稻草插入第一个金人的一只耳朵里，结果稻草从另一只耳朵里掉了出来。依照前面的方法，第二个金人的稻草从嘴巴里掉了出来，而第三个金人的稻草掉进了它的肚子里。

就此，老臣说："第三个金人最有价值！"

这个故事告诉我们，最有价值的人不一定是能说会道的人，但一定是"大肚能容"的人。

上帝给我们两只耳朵，一张嘴巴，本来就是让我们多听少说的。所以说，善于倾听才是一个成熟之人最应该具备的基本素质。

2

当今社会，学会倾听同样重要。惠普公司的创始人之一戴维·帕卡德提出了所谓的"惠普之道"，他要求公司的每一位管理者做的第一件事情就是：先去倾听，然后去理解。

这正是我们需要学习的倾听之道。

大多数人把很多时间都用在了某种形式的沟通中，而"倾听"无疑是沟通过程中最重要的技巧之一。有句谚语说得好："用 10 秒钟的时间讲，用 10 分钟的时间听。"

善于倾听，是有效沟通的一个要诀。

据美国俄亥俄州立大学一些学者的研究发现，在一天的

时间里，成年人把 70% 的时间用于交流思想。而在这 70%
的时间里，有 30% 的时间用在说话上，有高达 40% 的时间
用在倾听上。这说明，倾听在人们的交往中居于非常重要
的地位。

善于倾听是一种高雅的素养。因为，认真倾听别人讲话
是对对方的尊重。此外，人们通常也会把忠实的听众视作可
以信赖的朋友。

3

那么，怎样才能掌握倾听的艺术呢？

一、注视说者，保持目光接触，不要东张西望

当别人跟你谈话时，你要正视对方以示专注，还可以通
过手势、点头等表情鼓励说者说下去。一个出色的听者，一
定具有一种强大的感染力，他能使说者感到自己的重要性。

二、面部保持自然的微笑，表情随对方谈话内容做出相
应的变化，恰如其分地点头称是

听人说话要专心，但并不是完全被动地去听，除了通过
点头表示在认真听之外，你若能适时地插话，如"你说得
对""请你继续说下去"等，效果会更好。

这样，对方便会感到你对他的话题很感兴趣，因而会高
兴地将谈话继续下去。

三、适时而恰当地提出问题，配合对方的语气表述自己的意见

倾听是捕捉、处理、反馈信息的需要。

一般来说，说是在传递信息，听是在接受信息。一个好的听者，应当善于通过交谈来捕捉信息。听比说快，听者在倾听的空隙里要思索对方所说的话，从中得到有效信息。

四、不要中途打断对方，让他把话说完

有时，在听别人说话的时候，我们会不自觉地设计反驳的话。

通常而言，在被动去听的时候，我们的内心会处于防御状态，很容易进入一个误区，那就是指望别人对某些问题的看法跟自己相同，而并不是真正听他在说什么。

五、听话听音

在人际交往中，有些人口中所说的并非肺腑之言，他们通常会把真实的想法隐藏起来。所以，在听对方说话时，我们需要琢磨他话中的微妙感情，细细地品味一番，以便弄清他的真正意图。

4

在人际交往中，倾诉是为了表达自我，倾听是为了了解别人，以便达到心灵的共鸣。

其实，无论说者还是听者，都要学会倾听。

作为说者，通过倾听别人的意见和建议，能使自己说的话更有说服力；作为听者，通过与说者沟通，把自己的看法表达出来，能使自己得到更多的启示，丰富自己的内涵。

倾听具有广泛性，任何时候我们都需要倾听。沟通的最高境界就是静静地倾听，学会倾听是一种美德，一种修养，一种气度。

变"听我讲"为"听大家说"，这不仅是对说者的尊重，也是对听者的尊重。

第 七 章
职场情商

　　一个有实力的人，能将人生健康、成功、快乐、幸福的权利牢牢地掌控在自己的手里。他懂得向内，反求诸己，比如化解自己的负面情绪；也懂得向外，比如改善人际关系，促进家庭和睦。

成为人所熟知的潜力股

1

在投资领域有个说法，说是人找钱困难，但钱找人就容易多了。套用到经营人脉的问题上，与其说"我要认识更多的人"，不如说"让更多的人认识我"。

仔细观察一下，你就会发现：很多有能力、有经验、有资源的人士，都善于展现自己的实力，传播自己的价值。

如果想学到真正有用的人脉经营术，首先，我们要更新对人脉的认识，重新去理解人脉。因为，经营人脉的本领有很大一部分来自一个人的天赋，它是一种无形的能力，一种本能的处世方法。所以，很多"关系资本"的掌握者，他们通常是凭着自己的优异天赋不经意地、自然而然地就给自己打造了庞大的人脉。

有"人脉天赋"的人，不管处在事业发展的哪个阶段，他们都能有效地把自己"推销"出去，让自己成为人们乐意结识的人。

　　通过学习，我们可以把人脉的拓展变成一种有章可循的技巧。即使从零开始，只要一步步做下去，我们也能成为"人脉达人"。而对那些职业履历尚浅又热切盼望机遇的年轻人来说，明白了经营人脉的实质，就能少走很多弯路。

　　人脉的秘籍，就在于传播自己的价值，让更多的人认识你。说得残酷一点，别人不会在意你是谁，在意的只是你的利用价值。所以，要想成为别人愿意结识的人，同时又想认识更多的朋友，那么，就从"使别人愿意认识你"开始吧！

　　要想获得别人的信任和支持，就必须具有坚定的信心和饱满的热情。如果你信奉"混口饭吃"的人生哲学，那么，你就会随波逐流，被动地接受命运的安排，从而无法抓住任何成功的机会，一生也就毫无成就了。

　　当你面对一个大人物时，你更要显示出自己的信心和热忱，这样，对方才不会轻视你，才会为你提供一个施展才华的机会。真正的大人物从来不会小看一个具有强烈事业心的人，因为他自己也是从小人物变为大人物的。

2

　　"打工皇帝"唐骏从一个普通的技术员做到了微软的中国区总裁，就是因为他很好地在比尔·盖茨面前展现了自己的实力。

在接受采访时，唐骏说过一个段子：他跟比尔·盖茨讲述了自己的人生经历，说他到了日本，日本的经济就好了；到了微软，微软突然就发了。他离开了日本，日本的经济就下滑了，如果哪天他离开了微软，它会怎么样呢？

当然，这只是唐骏开的一个玩笑，但他的实力有目共睹。他说，其实在每个人的职业生涯当中都会有很多机遇，比如说你的勤奋，你的激情，你的智慧，你做事的方式。但更重要的是要有一种好的性格，比如向上、包容、温和等。也正因如此，唐骏获得了在历任微软总裁中唯一的"终身总裁"荣誉称号。

3

一个人的社交能力怎样，不是看他认识多少人，而是看他有没有价值——只有看到了他的利用价值，大家才会愿意与他交往。因为，强大的自我价值能让你拥有坚毅的"定力"，能让你自主选择要不要受环境的影响以及要受什么影响，能让你绝不会随波逐流，只选择近朱者而不近墨者。

一个有实力的人，能将人生健康、成功、快乐、幸福的权利牢牢地掌控在自己的手里。他懂得向内，反求诸己，比如化解自己的负面情绪；也懂得向外，比如改善人际关系，促进家庭和睦。

强大的自我价值，能让你在任何时候——特别是在身处逆境最需要信心的时候，厚积薄发，引爆内心的能量，发现新的可能，找到新的办法，继而反败为胜。

记住，要想拥有真正有价值的人脉，首先自己要成为一个有价值的人。在你醉心于结交朋友的时候，别忘了充实自己，展现自己的实力。

画地为牢，只能变成孤家寡人

1

自我封闭心理，实质上是一种心理防御机制。

由于在生活及成长过程中会遇到一些挫折，有些人的抗挫折能力较差，于是使得焦虑越积越多，他们只能以自我封闭的方式来回避现实。实际上，这样的人并不是真的不希望得到别人的关注，或者真的感知不到别人对自己的好或坏，只不过，他们有着自己的小世界，有可能是自己不愿意走出来，也有可能是不愿意让别人走进去。

还有一些人，因为受到错误观念的影响，比如"逢人只说三句话，未可全抛一片心""枪打出头鸟"等，降低了人际交往的程度。如果是这样，那就因噎废食了。

自我封闭的人则不同，他们是人为地剥夺了交流的需求，使得信息隔绝了、情感封闭了，于是孤独感油然而生，从而使心理活动病态化了。

"自我"的产生，源于在成长过程中不断强化的"标签"：我们在为自己创造标签，别人也在为我们贴标签。

一旦我们开始接受了各种标签，就会画地为牢，变成一座孤岛。任何外界的影响和否定等声音，都会引起我们强烈的反应，这些反应就是负面的意识和情绪。

如果我们被各种负面意识和情绪所困扰，就会不顾一切地去保护"自我"的标签，于是就有了个体的痛苦和不自由。

2

电子产品的不断普及，带来了人际交往的新问题。有时候，它们跟酒精的功用一样，因为它们令许多人"溺亡"于个人的一方小天地内，成了网络时代的井底之蛙，甚至"孤家寡人"。

这样的人，大有人在。

再如，有一些大龄青年不愿意结婚，为什么？

男大不娶，大多是不愿承担起建立家庭和养育子女的责任；女大不嫁，大多是在期待理想中的"白马王子"出现。这些大龄剩男剩女或者回避现实，或者期望过高，于是都将自己封闭了起来。

患有社交恐惧症的一类人，由于幼年时期受到过多的保护和管制，他们的内心比较脆弱，害怕到公开场合去，在生人面前常常会显得束手无策，于是干脆躲在家中不出来。

此外，还有一些人因为个子特别矮，或身体有缺陷，或容貌丑等原因，给了自己消极的自我暗示，于是也不愿意与人交往，自我封闭了起来。

3

心理咨询师谢苗遇到过一位年轻的妈妈，她有一个患自闭症的儿子，3 岁时还不会讲话，也不喜欢跟身边的人玩。

谢苗采用"三位一体"的沟通法去了解情况：第一部分主要聊妈妈的状况，尤其是她小时候的事件；第二部分主要聊妈妈与儿子的共同经历；第三部分主要聊儿子，用的是特殊沟通法。

沟通过后，谢苗以儿子的口吻给出了一份心理报告：

"我在妈妈肚子里已经 5 个月了，我能感觉到妈妈讨厌奶奶甚至嫌弃她，嫌弃她不讲卫生、没文化。妈妈总是躲在家里看书，很少跟我说话，偶尔也会抚摸我一下。

"有一天，我听到妈妈向爸爸哭诉她跟奶奶吵架的事，我难过地哭了，然后睡着了。妈妈有点过分，奶奶心胸也很小，我讨厌她们两个人整天吵吵嚷嚷的，没完没了。

"妈妈怀孕后经常呕吐，她最怕闻到猪肉和香菜的味道——说实话，我也很讨厌那种味道。那时，妈妈呕吐一下，我就会缩一下。

"在怀孕的前几个月里，妈妈的心情很糟。她总觉得委屈，于是自我封闭，无论在家里还是在单位，她都很少跟人说话。我在她的肚子里，周围黑漆漆的，好无聊，我也想跟她说说话。

"出生后，我经常在夜里饿醒或者冻醒。妈妈躺在床上，闭着眼睛，看起来又累又憔悴。她烦我，于是我哭了。起初她还有耐心，后来就大嚷大叫。再后来，我哭她也哭。

"我3个月大时，妈妈按照育儿专家的说法把我放在了婴儿床上。有一晚，家里停电，外面打雷，我第一次看到闪电，吓得哇哇大哭。

"1岁时，邻居家的小哥哥来家里玩，我好高兴。小哥哥走后，妈妈却对我说：'以后不要让他来了，他又脏又没礼貌。'我有点失落，妈妈不该这样对待我的朋友。

"3岁半，妈妈带我去看心理咨询师：'孩子到现在还

不会说话。'我心里却说：'我会说话呀，可惜你不懂。'心理咨询师先是观察了我一阵，然后她很专业地说：'这是典型的自闭症。'看着她认真的样子，我觉得很好笑。"

4

由于种种原因，有些人自我封闭放弃了与社会的正常交往，他们认识狭窄，情感淡漠，人格扭曲，最终可能导致人格的异常与变态。

因此，一个人一旦出现自我封闭的心态，要尽快进行调整。那么，不妨试试以下几条建议：

一、接受自己

将成功归结于自己的努力，把失败归结于外部因素。走自己的路，不要在乎别人说三道四。

曾经，一个长相有缺陷的少年因害怕别人讥笑自己而不敢见人。后来，在老师和父母的关心下，他努力去发现自己的优点，如聪明、学习成绩好等。优点发掘得越多，他就越自信，最后，他完全走出了自我封闭的状态。

二、提高对社会交往的认识

当今社会要求一个人不仅要"读万卷书，行万里路"，而且要"交八方友"。因为，交往能使人的思维能力和生活机能逐步得到提高并完善，能使人的思想观念保持"新陈代谢"，能丰富人的情感，维护人的心理健康。

三、克服孤独感

这指的是将过分关注自己的精力转移到其他事物上去，以减轻自己的心理压力。只有把自己向交往对象展示，了解他人的同时让他人了解自己，才能实现人生的双赢，成为生活的强者。

四、勇敢介入社会生活

想要多找机会接触和了解他人，可以从最简单的事情做起，然后逐步完成"高难度动作"。比如，和多年未见的朋友视频聊天，约朋友逛街，参加朋友聚会，在公开场合演讲，担任某个社团的负责人，等等。

五、健康的生活态度

一个人想保持积极乐观的生活态度，既要善待自己，也要与人为善。你要敢于坚持自己想要的生活，也要保持与他人的往来，这样你才能更加发挥自我的优势。

值得一提的是，如果你的身边有自闭症患者，首先你要做的是不要去刺激他，不要去歧视他。第二，如果你想帮助他，就带他去看心理咨询师。如果一时还没效果，那么，先请不要着急——相信你种下的种子，总有一天会迎来花开的那一刻。

做朋友圈中积极力量的源头

1

李薇有很多朋友，她说自己很少见到过像同事阿菲一样的姑娘——能自然而然、毫不做作地保持乐观的心态，并把这种正能量传播出去。她曾在不同的场合赞美过阿菲："我很喜欢听阿菲说话，每次她一开口，我就充满了期待。"

有一次，两人坐在一起闲聊，李薇抱怨说："你看现在我都老成什么样子了！"

阿菲故作严肃地说："你怎么这样说呢，你根本就不老。老不老是相对的，要看一个人的成就如何。如果你不想老，就要抓紧时间做出点成就来，而不是坐在这里感伤。"

还有一次，公司组织外出旅游，大半夜两人睡不着，就出去坐在广场上吹风。这时，李薇的小资情绪发作，说："哎，不知道下次再来会是什么时候，不过，下次来我们肯定要比现在老……"

阿菲随口打断李薇的话头说："是的，但肯定也比现在更有钱！”

阿菲就是这样的一个人，跟她在一起，你永远是快乐的。她聪明、反应快，更重要的是，你说什么她都会很认真地听，然后睁大眼睛说："真的啊？""太好了，好高级！""哎呀，太棒了！"

2

积极地交朋友，交积极的朋友，勇敢做朋友圈子中积极力量的源头，这是一种高级的交际情商。

积极是一种能传染的力量，虽然它的复制速度不像消极那样来得快和易，但只要让积极的力量充满心胸，我们感受到的一定会是一个不一样的世界，套用一句话说："面朝大海，春暖花开。"

朋友间的交往就应该是这样，你要尽量把积极的一面展示出来，以积极的精神状态去影响对方。因为，人的情绪是可以传递和感染的，你经常以消极的状态去面对朋友，势必会给对方带来负面影响，至少在精神上会令他们产生不快。相反，如果你常以积极的一面去与人交往，大家就会觉得跟你在一起很快乐，充满了希望和激情。

有些人之所以犯错甚至犯罪，大部分是因为交友不慎、遇人不淑造成的。

关于这个问题，我相信智者自然会慧眼识人，不会陷入危险中。怕就怕遇到这样一种人，他们没有害人之心，但他们满是消极的情绪，且你怎么做都很难把他们从这样的状态中拉出来，跟他们交往久了，你的情绪势必也会受到影响。

遇到这种人，首先我们要以积极的态度去开解他们。如果不成，那就采取敬而远之的态度，至少不要让他们的消极情绪影响到自己。

积极的言语与行动，比如鼓励，永远比尖酸刻薄的批评、比披着忠告的外衣却泼冷水能成就更好的事业。你要记住，信心比黄金更重要。

3

安利的创始人理查·狄维士的人生态度就值得我们欣赏和学习：一直以来，他决心要做一个丰富他人生活的人，一个提升他人精神状态的人。他愿意成为生活中的拉拉队队长，因为与他相反的人太多了——他们总喜欢打击，而不是鼓舞他人的士气。

只要你告诉我，你交往的是些什么人，我就能说出你是什么样的人。这句话你要好好想一想，自己是不是一个积极的人，比如跟朋友在一起，更多的时候你是在提供积极的力量，还是以打击或拖大家的后腿为主。

　　积极的力量能创造出美好的事物，并消除负面情绪——你要选择运用这股力量去应对周围的一切，并影响和改变他人。

勇敢接近那些比你成功的人

1

　　《增广贤文》里说："结交须胜己，似我不如无。"成功者交朋友有一个不成文的原则：永远要交比自己更优秀的朋友。

　　换句话说，你的业绩可能是自己社交圈里最差劲的其中一个，也就是说你还不是很成功，那么，你要反省一下自己："我是跟比自己强的人在一起的时间多，还是跟比自己差的人在一起的时间多？"

2

　　前段时间，中国传媒大学的 L 同学通过微博 @ 姚晨的方式，以惊人的转发量最终联系上了姚晨本人，并成功地完

成了采访功课。当天，在姚晨发布了采访照片后，L同学"一夜成名"。

在采访文章《@姚晨，一次采访课》中，L同学详述了整个事情的经过：

新学期的第一节采访课，老师布置了一份作业：独立去完成一次名人采访。L同学预想了几位名人之后，就把目标锁定在自己喜欢的姚晨身上。

考虑到姚晨号称"微博女王"，L同学当天下午通过微博的方式单方面去联系姚晨。经过大量转发，事情很快就有了结果——凌晨一点左右，L同学意外地接到了姚晨经纪人的电话。

首次通话的结果在意料之中，L同学被拒绝采访。在未来的几天里，也没有好消息传来。

有一天晚上，L同学的电话突然响了，经纪人打来电话告诉她，姚晨接受采访。

不可思议的事情居然就这么成了！

3

在通常情况下，成功人士的时间是非常宝贵的，他们不愿意把时间花在一些不值得交往的人身上。如果我们拥有一些他们没有的技能与特长，那么，他们还是愿意与我们交往的。

因为，成功人士也有人性的光辉和弱点，只要我们善于去发现，也有机会跟他们成为朋友。

当然，人人都想跟成功人士交朋友，可是有时候的确可望而不可即。在这里，我说的成功人士是狭义的，包括全部事业有成的人。

有句话说："读万卷书，不如行万里路；行万里路，不如阅人无数；阅人无数，不如名师指路。"这是因为，多与成功人士交流，会让我们及时把握成功的方向，少走许多弯路。如果我们习惯了每天都尽自己最大的努力跟成功人士交朋友，并提升自我，那么，我们离成功也就不远了。

所有的习惯，都是从不习惯开始；很多事情看上去很难，几乎不可能做成，但当你下定决心去做后，它立刻会变得简单起来。

主动，主动，再主动。

主动认识陌生人。天底下没有陌生人，只有来不及认识的朋友。

主动把握一切机会。失败者错失机会，成功者把握机会，卓越者创造机会。

主动与成功者交谈，主动为成功者做事。在与成功者交往的过程中，永远要问自己："What can I do for you（我能

为你做些什么）？"

只要我们积极主动地去交朋友，我们就能用自己的魅力来吸引更多的朋友。比如，当你为成功者做事时，你的付出也会给自己带来成功。

与成功人士交往，不仅需要机遇，从更大的程度上来讲还需要勇气。当你发现或者创造了与成功人士见面的机会后，要从各个细节上去引起对方的注意。比如，在位置的选择上，一定要坐在与对方尽可能近的位置。同时，着装要有特色，既能展现自己的个性，也能使对方一目了然。再如，针对成功人士关注的事，你要"刺激"对方——找到适当的话题，引起对方的交谈兴趣。

此外，赠送别出心裁的礼物也是联系成功人士情感的重要方式。需要提醒的是，昂贵的礼物不一定就好，要送就送对方特别喜爱的礼物。

4

无论做什么事情，态度决定高度。成功人士大多是积极的人，所以，我们要想跟他们成为朋友，自己也要成为一个积极的人。与成功人士交朋友，这本身就是一种积极的人生态度，能激发你一往无前的动力。

有的人只会做白日梦，而有的人则把梦想变成了现实——这是超越自我的一种成功。当我们拥有梦想的时候，自己就会变得更加积极，因为在与人交往的过程中，有时候我们就是在向对方销售自己的梦想。

你有没有向成功人士销售梦想的勇气呢？

谨慎使用谦卑这把剑

1

在一场校园招聘会上，作为校友，李小米和小范因为通过了同一家外企的面试而有幸结识。不过，后来的故事并没有朝着皆大欢喜的方向发展。

中国人崇尚谦卑，这是一种美德，然而由于文化的差异，本是一番客套话却让李小米丢了在外企工作的机会——以面试高分入围的她，怎么也想不通自己在一年后竟然被刷了下来。

后来，还是小范道出了个中缘由："如果你应聘的是国内企业，谦虚还是可行的，毕竟这是中国人的传统。如果应聘的是外企，略微的谦虚就可以了，因为，你将本来熟悉甚

至比较精通的问题说成是'略知一二'，反而会显得你唯唯诺诺，没有能力，缺乏担当。"

李小米工作了一年后，她就高兴不起来了，原因竟是她经常说这句话："我是新人，请多多关照。"

在年终的工作总结中，李小米这样写道："总结一年来的工作，本人最大的过失就在于'我是新人'，这并非指我是职场新人这个身份，而是我错误地将'我是新人'这句话经常挂在嘴边，从而无意中增加了自己的工作难度……"

"我是新人"这句话虽说很大程度上是谦卑的象征，但在竞争激烈的职场，此话一出就先从阵势上露怯了，比如："我是新人，什么也不懂，真不知道能不能胜任这份新工作？"

李小米这样总结道："当时我觉得是因为自己的能力不够，客户的质疑也在情理之中。现在想来，可能就是因为我暴露了自己是新人，使得客户从潜意识里认定我不行。"

更令李小米没有想到的是，就在她滔滔不绝地表达"谦虚"时，同事的表情都有些不自然了。

一次偶然的机会，李小米在卫生间里听到两个女同事在议论自己："李小米拼命地说自己是新人，意思不就是说我们是老人了？"

"你听她那个虚伪的腔调，讨厌！"

对于李小米的这种心态，公司的人力资源顾问表示：一方面，可能是她本人过于敏感了，因为一句话的效应并没那么大；另一方面，毋庸讳言，如果过分强调"新人"的身份，确实会给同事、客户造成一种不堪大用的感觉。

此外，职场专家也指出，李小米的失误在于她忽视了职场的基本"天条"：不能主动把自己归为弱者。别人可以把你当新人，但自己不能这么想，毕竟在竞争者林立的职场中，如果要想有所建树，就绝不能做弱者。

"虚心使人进步，骄傲使人落后。"这句话提醒人们，做人要保持谦虚。但在生活中，谦虚也要把握一定的度——有道是"过分的谦虚就是骄傲"，有时候不仅会伤害别人，还会伤害自己。

2

周末下午，周美丽邀请了小玲、英子等几个要好的姐妹携夫同去她家聚会。不久，大家都到了。

当时，小玲的丈夫看到一众姐妹忙得团团转，便"损"起了周美丽的丈夫："老王，你可真有福气，嫂子既能干又贤惠，真是个难得的好女人。"

话音刚落，老王便用谦虚的口吻说道："她算一般吧。你看你的媳妇，长得漂亮，人温柔又有能力，真是集优点于

一身，你才有福气呢。"

小玲的丈夫接口道："我们家小玲虽说不像你说的那么好，但我觉得找她做妻子是我今生最大的福气。"

其实，大家都知道小玲在家很少干家务，因为她在单位里是个中层干部，工作忙，应酬也多。

小玲听后，笑着说："我呀，哪有那么好，我都让你们说得不好意思了。"

待大家都走后，周美丽不高兴地对丈夫说："你看人家小玲的丈夫多会说话，听着就让人舒服，干起活来也卖力。哪像你呀，一天就会说我这样那样的，听了就来气。"

老王说："我那是谦虚，你听不出来吗？"

周美丽一听，更火了："就知道谦虚！你就不会用欣赏的口吻，客观、公正地来评价我吗？你以为你自己是在谦虚，你这是谦虚过了头！"

3

谦虚虽是美德，但还要看在什么情况下，面对的是什么事情。其实，生活中谁都渴望得到对方的肯定、欣赏、赞美，这通常都需要用适度的语言来传递。

我们要推崇谦虚，更要学会适度的谦虚，但要记住谦虚是把双刃剑，用不好就容易适得其反。其实，有时候行就是行，不行就是不行，如实地表达出来也挺好，过于谦虚反而会弄巧成拙。

人后莫论人是非

1

《菜根谭》里有句话说得好："不责人小过，不发人阴私，不念人旧恶。三者可以养德，亦可以远害。"对我们而言，别说是要做到这三条的确很难，就是做到其中的一条也难。

阿成在一家事业单位工作了多年，但一直没有升职，后来就连比他晚入职好几年的年轻人都得到了提拔。

阿成古道热肠，幽默爱开玩笑，经常"路见不平一声吼，该出手时就出手"。但他也有一个坏毛病，就是说话口无遮拦，有时候他能做到就事论事，有时候就难免无口德。

工作清闲时，阿成一个人憋不住就爱找人说闲话。每次跟他聊天，他都会说："我说话直，有些话不好听你可别放在心上。"虽然有时候他也颇有些真知灼见，但更多的时候

难免会伤及无辜。一来二去，大家都知道阿成这个人爱说闲话，情商不高。

有一次，阿成跟同一部门的阿远聊天，说："你觉得小娜这个人怎么样？"

阿远知道阿成的脾气，没有直接回应，便应付道："还可以呀。"

结果，阿成有点按捺不住，气愤地说："我这人性子直，有些事不说不快。我觉得小娜太过分了，她仗着自己跟主任关系好，现在居然支使起我来了，有时候连一些打水、扫地的活儿也敢指派我去干。

"她也不想想，我来单位的时候她还'挂着两条鼻涕学乘法表'呢。领导也是的，也不管管这事，如果我是领导，肯定会对她大加批评。仗着跟主任关系好就可以神气了？老子才不吃她那一套！"

对于阿成的吐槽，阿远未置评论，只是觉得最好少招惹小娜就是了。而对于阿成，阿远也慢慢地敬而远之，即使再清闲，他也不敢跟阿成坐在一起聊天了。

年度考核时，阿成的民测评分很低，他还不知道自己究竟哪里得罪了人，嘴里还一个劲地嘟囔着："都眼睛瞎了吗？给我打这么一点分，是不是就显出你们的高分来了？"

专家认为，说坏话是因为自卑，说坏话容易暴露一个人内心的秘密。

这样的人，感觉自己一无所有、一无是处，自己的事情不会引起别人的兴趣，只好谈论邻居、同事、朋友等，而不会说其他事情。你看，中伤别人恰恰是因为缺乏自信。

2

有时候，说某人坏话往往是为了跟其他人套近乎。不管他们的流言蜚语是否有实据，他们总是认为自己的初衷是好的：提醒谈话的对方，要注意某人或者某群人的潜在危险。

在这些中伤话语的背后，才是弦外之音："我跟你说这个，是因为我不是那样的人，而且我知道你也不是那样的人。""我跟你说的话，可没跟别人讲过！"但是，背后说人坏话会导致是非四起，影响与家人、朋友、同事之间的关系。

说坏话，其实就是在说自己。有时候，我们也会谈起自己厌恶的人或事："这个人太自我了！""那个人是小气鬼！""他和她是否关系不正常？"

人们会臆想或者指责他人让自己无法忍受的某些方面，有时候这恰恰是他自己具备却无法接受的。谗言有时也是一面透视镜，能映照出我们身上那些无法让自己接受或潜意识里不愿承认的事物。

有些人说坏话是出于嫉妒，因为缺少自信不敢表现自己。中伤别人的通常是生活中或某一领域的受挫者，正是挫折感让他们恼羞成怒。

他们往往会无意识地选择换一种表达方式来对别人说三道四，尤其是那些在他们不敢去做或者做不好的领域里胜过自己的人。专家建议我们要理清自己的情绪，可以自问一下：是什么原因让你想对别人说三道四的？

3

闲人爱扯闲，三扯两扯便扯起了"人非"。一次，张妈对邻居李婶闲扯起王嫂不孝敬公婆的事。后来，李婶遇到王嫂时，闲扯中又说漏了嘴，将张妈说的闲话传给了对方。

王嫂听后大怒，对张妈怀恨在心。不久，一次小小的摩擦当了导火索，点燃了张妈与王嫂之间的一场口舌大战。

所以，说话前要先动脑子，问问自己：我是否有必要提到这个话题？比如，大家坐在一起谈论张三这个人怎么样，只要其中一个人说起张三的缺点，大家就会把他说得一无是处。但他们忽略了一个问题："人无千日好，花无百日红。"

此外，还有一句话叫"没有不透风的墙"。我经常开玩笑说，既然地球是圆的，你出发后不管往哪个方向走，转一圈后一定会回来的。说闲话也是这样的，你说的闲话迟早会又传到你的耳朵里，这对自己的名声不利不说，可能还会破坏人际关系，甚至把人际关系搞得一团糟。

所以，面对搬弄是非者，你最好找个借口离开。远离是非之人，远离是非之地，不说闲言，不打妄语，实乃明智之举。

当然，有时候我们很难做到完全不说坏话，但也不要为了逞一时之快而失去分寸。人们常说"话到嘴边留半句""三思而后行"，我说，话到嘴边咽下去，三思而不行！

如果你非要宣泄一下自己的不满，也要对事不对人，不要进行人身攻击。要时刻铭记，说是非者，必是是非人！

莫要说坏话，莫要说闲话，谨记！

职场中，用好自律这把大杀器

1

有一天，李开复更新了微博："千万不要放纵自己，给自己找借口。对自己严格一点，时间长了，自律便成为一种习惯，一种生活方式，你的人格和智慧也因此变得更加完美。"

在李开复看来，自律指的是自我控制和自我调整的能力，它主要包括四个方面：推迟满足感、承担责任、尊重事实、保持平衡。

在当今社会，凡是成就大事的人，一般都具有极强的自制力。

一个人的时间、精力和能力不可能是无限的，但想成就大事的人，知道怎样对自我"资源"进行严格管理和合理分配，发挥自己最大的潜能——这就意味着要克制自己某些方面的欲望，甚至重塑自己的秉性。

2

有两家新闻app：A和B。A新闻界面多变，内容丰富，各种应用也有很多。一开始，许多用户不需要的内容和应用，A也在不知不觉中推送了，这使得访问量很可观。

B新闻界面非常简单，几年来没增加什么花里胡哨的应用和推送，只坚持走精简路线。

从短期来看，A新闻的流量和收益会相当可观，但从长期来看，它很难得到访客发自内心的推崇。而B新闻呢，它反而会给人一种简约而不简单的感觉，能建立起长期的信任感。

产品的性格，往往也是一个人的性格体现。

A 新闻的团队负责人不够坚定，看到业界有新产品冒出，就很努力地往自己的产品上不断添加各种功能，什么订阅、视频、买车、买房等都往上加。整个团队成员不遗余力地见缝插针，最后弄得用户操作起来越来越复杂。

结果，A 新闻虽然费了不少劲，但因为精力没花在最核心的点上，导致稀释了产品本身的核心气质，失掉了用户的信任。

相反，B 新闻非常明确自己的边界和核心诉求，只致力于解决新闻这一核心问题。新闻版块的负责人本身就是一个非常懂得克制的人，他深知即使有资本、有团队、有用户量、有 IP 也并不代表自己什么都能涉足，毕竟有些功能只是辅助元素。

正是负责人坚定的工作信仰和敬畏心，让 B 新闻赢得了这场新闻 app 对决的最终胜利。

在一次互联网论坛上，A 新闻和 B 新闻的负责人见面了。A 新闻负责人问 B 新闻负责人："你们究竟是怎么做到成功的呢？"

B 新闻负责人讲了一个故事："在 14 世纪，欧洲有位贵族叫罗纳德三世，后来他的弟弟推翻了他并继承了爵位。弟弟想要摆脱哥哥的威胁又不想杀死他，便想了个主意：命人把个儿高、体胖的罗纳德三世关进牢房，并把牢门改窄，

让他出不来。

"弟弟还许诺说，只要罗纳德三世减肥成功并自己走出牢门，就能重获自由。可惜的是，面对弟弟每天派人送来的美食诱惑，罗纳德三世不仅没有去减肥，反而因为贪吃变得更胖了。"

听完这个故事，A新闻负责人尴尬地笑了笑。

成功不在虚无缥缈间，而在日复一日持续不断的努力工作中。要成功，必须自律、严谨，只争朝夕。

3

自律是成功的基础。因为，自律体现的是一种忠诚、敬业的精神；一种勇担责任、自强不息的态度；一种勤奋进取、协作创新的能力。

具备这种精神的人，正是企业所需要的。他们总是能自动、快速、高效地完成任何任务，而绝不是在工作没做好之时只会推卸责任，找借口为自己开脱。

那么，如何才能做到自律呢？

这就像每个人都有不同程度的肌肉力量一样，我们也都有着不同程度的自律能力，但并不是所有人都能把自己的自律能力发挥到极致。

要自律，必先自省，因为通过自省才能确立自律的标准和重点。君子责己，小人责人，这是要时时引以为戒的。

要自律，必须克己。"业精于勤荒于嬉，行成于思毁于随"，这也是无须赘言的道理。

要自律，更要尊重事物本身的规律，保持平和的心态，不以自我为中心。

锻炼自律能力，以下几种方法可以尝试：

一、 制定出你做事的优先顺序

可以制订每天或每周要执行的计划，使你的行动有规律起来，以便带来预期的效果。

二、 把自律的生活方式当成目标

培养自律的最佳方式，是为自己制定系统及常规，特别是在你认为最重要的、需要长期追求的事情上。

三、 列出你需要自律的理由

花一些时间把上述行动所能带来的好处列出来，将这些好处写在纸上，张贴在你能看得到的地方，每当你泄气或想放弃时就大声念给自己听。

四、 挑战你的借口

如果想培养自律的生活方式，首要功课就是破除找借口的倾向。法国古典文学作家佛朗哥说："我们所犯的过错，几乎都比用来掩饰的方法更值得原谅。"如果你想成为不可替代的人，就必须敢于挑战自己。

五、 把目光投向结果

成功没有捷径，把重点转回到目标上。如果工作是你的目标，那就认真权衡按部就班的好处，花工夫彻底做好它。

4

自律是一种觉悟，一种素质，一种毅力，一种信仰，一种生活态度。它不是万能的，但在能解决问题的范畴里是无敌的方法。并且，当它与其他个人品质相结合，比如团队协作时，这个人会成为非常强大的队友。

没有跳槽的资本，就请停止吐槽

1

"唉，又要加班，烦死了。"

"这份工作太没劲了，我不想干了！"

有些人总是爱吐槽，套用一句话来说就是：为什么受伤的总是我？

我想起了著名管理学家王育琨说过的一段话：

"有的人一遇到难题，往往不是考虑怎么应对困难和危机，而是先开始抱怨：我凭什么呀？我图什么呀？我招谁惹谁了呀？这三句话代表了通常人的心理：出了事是别人的。遇到问题，我们习惯于推给别人了事，就是不愿意自己努力去改变现状。

"我们的工作看上去困难如山，看上去危难会将我们吞没。其实，不是我们的困难如山，而是我们的心智有残疾！实际上，面对所谓使你烦恼的事情，只要你端正态度去做，都会产生完全不一样的结果。"

2

有人说："有所作为是生活的最高境界。而抱怨则是无所作为，是逃避责任，是放弃义务，是自甘沉沦。"

人活一世，无论遭遇什么境况，我们一旦停留在喋喋不休的抱怨之中，那么，境况就会变得更糟，这绝对不是我们的初衷。

朱德庸画过一组漫画《我从十一楼跳下去》，它由20幅图组成，每幅图都加了文字描述，内容大致是这样的：一个人时常抱怨命运对自己的不公，逐渐对生活感到了绝望，于是在一天晚上，她从十一楼跳了下去。

在从楼上下坠的过程中，她看到了每个楼层里的真实

情景: 十楼的恩爱夫妻在吵架; 九楼那个坚强的娜娜在哭泣; 八楼的女孩发现未婚夫跟自己的好朋友上床了; 七楼的小丹在吃抗抑郁症药; 六楼失业了的阿蛋正看报纸找工作……

在解决生活压力及危机感的过程中, 人们一旦无法达到内心的平衡, 就会产生抱怨。面对生活, 当抱怨以及由此产生的矛盾积累到自己无法排解的时候, 或许你会发现自己真的成了"祥林嫂"。

但是, 在你抱怨自己不幸的同时, 你知不知道有人可能比你更不幸。所以, 就请你把保持良好心情的"砝码"紧紧握在自己的手中吧。

3

那么, 针对这些问题, 我们要怎么做呢?

一、学会淡泊

在生活中, 有的人把名利看得很重, 比如财迷心窍、官瘾十足, 真可谓得陇望蜀, 欲壑难填。在这里我劝大家, 我们最好学会淡泊名利, 什么事都不要那么斤斤计较, 否则容易导致心理失衡, 到头来破坏的是自己的心境, 毁掉的是自己的前途!

二、学会转移情绪

生活的道路并不平坦, 难免会有失误和挫折, 也少不了烦恼和苦闷。当你在生活中遇到了窘境时，不要沉溺其中，而要迅速地把注意力转移到别的事情上去。比如，参加一些文体和户外活动，那会帮你排解不良情绪。

三、学会倾诉

做人离不开沟通，少不了倾诉。心情不愉快，那就找个知心人说出来吧。心里不快却闷着不说，会闷出病来的。能把心中的苦处全盘倒给知心人并得到安慰，心胸自然会明朗起来。

如果牢骚满腹，日复一日地抱怨生活，你的处境不会有丝毫的改善。因为，无度的抱怨会导致自己对生活失去信心，陷在低迷的情绪中无法自拔。

如果一个人能把时间花在竭尽全力改变现状上，那么，困难也会为他让路的。在电影《A计划》里，水警警长马如龙在抓住了坏人长衫后，霸气地对上司说："功是你领，祸是我当！"这句话说得义无反顾，真爷们！

别让抱怨毁了你的成功，真的。